WELT DER ZAHL 1

Herausgegeben von
Prof. Dr. Hans-Dieter Rinkens
Dr. Thomas Rottmann
Gerhild Träger

Erarbeitet von
Steffen Dingemans, Jörg Franks, Claudia Neuburg, Kerstin Peiker,
Prof. Dr. Andrea Peter-Koop, Prof. Dr. Hans-Dieter Rinkens,
Dr. Thomas Rottmann, Michaela Schmitz, Gerhild Träger

Die Länderausgabe wurde erarbeitet von
Viola Auerswald, Sybille Behrisch, Kristian Eßen, Heike Keller,
Andrea Ludwig, Antje Nicklitzsch, Hella Reitzenstein

Unter Beratung von
Rosemarie Reiß, Dr. Marlies Zenner

Inhaltsverzeichnis

Inhaltsbezogene Kompetenzen	Themen	Seiten	P	M	A	K	D
	Zahlen bis 10	4 – 23					
	Zahlen bis 10	4 – 5		•		•	•
	Wahrnehmungsübungen	6 – 7	•		•		
	Links – rechts, Zahlen 1 und 2	8 – 9				•	•
	Zahlvorstellung, Zahlen 3 und 4	10 – 11				•	•
	Anzahlen bestimmen, Zahlen 5, 6, 7, 8	12 – 15				•	•
	Kraft der Fünf, Zahl 9	16				•	
	Fingerzahlen, Zahlen 0 und 10	17 – 18					•
	Zerlegen	19 – 21		•		•	•
	Zahlenreihe, Zahlen vergleichen	22 – 23			•		
	Körper	24 – 25					
	Körpereigenschaften	24				•	•
	Bauen und Zählen	25				•	•
	Addieren	26 – 35					
	Addieren in Sachsituationen	26 – 27		•		•	•
	Addieren mit Rechenschiffen	28 – 29				•	•
	Additionsgeschichten	30 – 31		•		•	
	Aufgabe und Tauschaufgabe, Grundaufgaben	32 – 33				•	•
	Ergänzen	34	•				•
	Aufgaben zum Entdecken: Zahlenmauern	35	•		•		
	Rechenolympiade: Das hast du gerade gelernt	36					
	Kannst du das noch?	37					
	Subtrahieren	38 – 47					
	Subtrahieren in Sachsituationen	38 – 39		•		•	•
	Subtraktionsgeschichten	40		•		•	
	Subtrahieren mit Rechenschiffen	41 – 42				•	
	Grundaufgaben der Subtraktion	43			•		
	Subtraktionsgeschichten	44 – 45		•		•	
	Übungen zum Subtrahieren	46					
	Aufgaben zum Entdecken: Minustrauben	47	•			•	
	Ebene Figuren	48 – 53					
	Ebene Figuren erkennen	48 – 49				•	•
	Formen und Muster, Auslegen	50 – 52	•				
	Falten, Schneiden und Freihandzeichnen	53					•
	Addieren und Subtrahieren	54 – 59					
	Rechnen am Rechenstrich	54					•
	Aufgabe und Umkehraufgabe	55	•		•		•
	Verwandte Aufgaben: Pluminchen und Plumino	56 – 57	•		•		
	Tabellen, 1 + 1-Tafel	58 – 59	•				•
	Geld	60 – 63					
	Geld legen	60 – 61		•		•	
	Flohmarkt	62 – 63		•			
	Rechenolympiade: Das hast du gerade gelernt	64					
	Kannst du das noch?	65					
	Zahlen bis 20	66 – 75					
	Zahlen bis 20, Zahlen zerlegen	66 – 69					•
	Zahlenreihe, Zahlenstrahl	70 – 72					•
	Zahlen vergleichen	73					•
	Ordnungszahlen	74 – 75				•	

Prozessbezogene Kompetenzen   P Problemlösen   M Modellieren   A Argumentieren   K Kommunizieren   D Darstellen

Inhaltsverzeichnis

Inhaltsbezogene Kompetenzen	Themen		Prozessbezogene Kompetenzen				
			P	M	A	K	D
	Addieren und Subtrahieren bis 20	76 – 83					
	Zahlen – ABC	76 – 77					
	Grundaufgaben übertragen	78 – 79			•	•	
	Aufgabe und Umkehraufgabe	80	•		•		•
	Zahlen – ABC	81					
	Rechenzeichen	82	•				
	Übungen zum Subtrahieren	83	•				
	Spiegeln	84 – 87				•	
	Verdoppeln und Halbieren	88 – 91					
	Verdoppeln	88				•	•
	Spiegelgeschichten	89				•	•
	Halbieren, Gerade und ungerade Zahlen	90 – 91				•	•
	Längen	92 – 93				•	
	Punkt, Gerade, Strecke	94 – 95					•
	Rechenolympiade: Das hast du gerade gelernt	96					
	Kannst du das noch?	97					
	Rechnen über die Zehn	98 – 109					
	Rechenkonferenz Addieren	98 – 99				•	•
	Schrittweises Addieren	100				•	
	Vorteilhaftes Rechnen	101			•		
	Rechenkonferenz Subtrahieren	102 – 103				•	•
	Schrittweises Subtrahieren	104				•	
	Vorteilhaftes Rechnen	105			•		
	Übungen, Zahlen – ABC	106 – 107					
	Aufgaben zum Entdecken: Plusmobil	108 – 109	•		•	•	
	Sachrechnen	110 – 115					
	Sachrechnen	110 – 113		•		•	
	Skizze als Lösungshilfe	114 – 115		•			•
	Rechnen mit Geldbeträgen	116 – 119					
	Rechnen mit Geldbeträgen	116 – 118	•			•	
	Cent	119	•			•	
	Rechnen und Entdecken	120 – 125					
	Rechnen und Entdecken	120	•		•		
	Aufgaben zum Entdecken: Entdeckerpäckchen	121	•		•	•	
	Unterschied, Gleichungen, Ungleichungen	122 – 123			•	•	
	Aufgaben zum Entdecken: Rechentürme	124	•		•	•	
	Aufgaben zum Entdecken: Sechserpäckchen	125	•		•	•	
	Daten, Wahrscheinlichkeit und Kombinieren	126 – 129					
	Strichlisten, Schaubilder	126 – 127			•		•
	Wahrscheinlichkeit	128			•	•	
	Kombinieren	129	•		•	•	
	Rechenolympiade: Das hast du gerade gelernt	130					
	Kannst du das noch?	131					
	Zeit	132 – 133				•	•
	Jahreszeit, Monate, Kalender	132 – 133				•	•
	Zahlen bis 100	134 – 137				•	•
	Bausteine des Wissens und Könnens	138 – 140					

Inhaltsbezogene Kompetenzen  Muster und Strukturen  Zahlen und Operationen  Raum und Form  Größen und Messen  Daten und Zufall

Zahlen bis 10

1 Zum Bild erzählen. 2 Zahlbild, Zahl und Strichliste verbinden.

1 Gegenstände zählen, Anzahl benennen, mit Zahlenkarten legen oder als Strichliste zeichnen.
Lagebeziehungen: links, rechts, oben, unten, in der Mitte, über, unter.
2 Verschiedene Aktivitäten zum Zuordnen und Darstellen von Anzahlen/Zahlen nachspielen.

Wahrnehmung

1

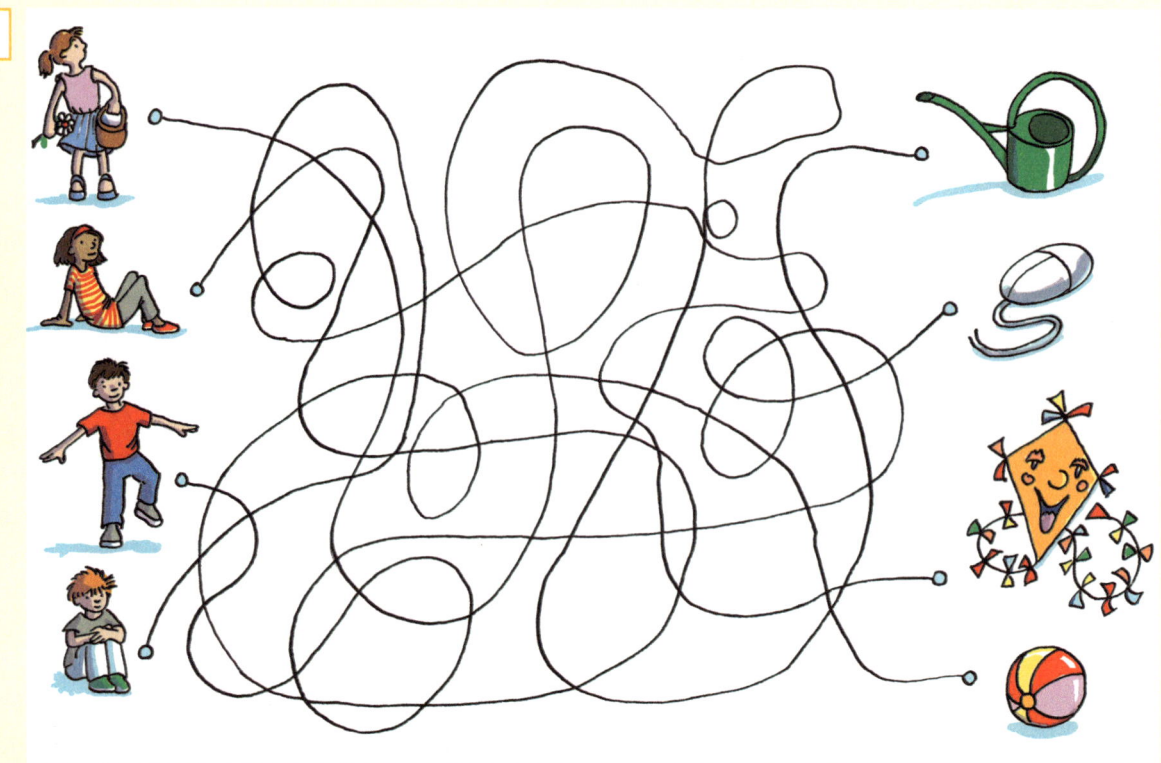

2

1 Womit spielen die Kinder? Linien zuerst mit dem Auge verfolgen, dann mit Farbe nachzeichnen.
2 Schattenbilder zuordnen.

Wahrnehmung

1
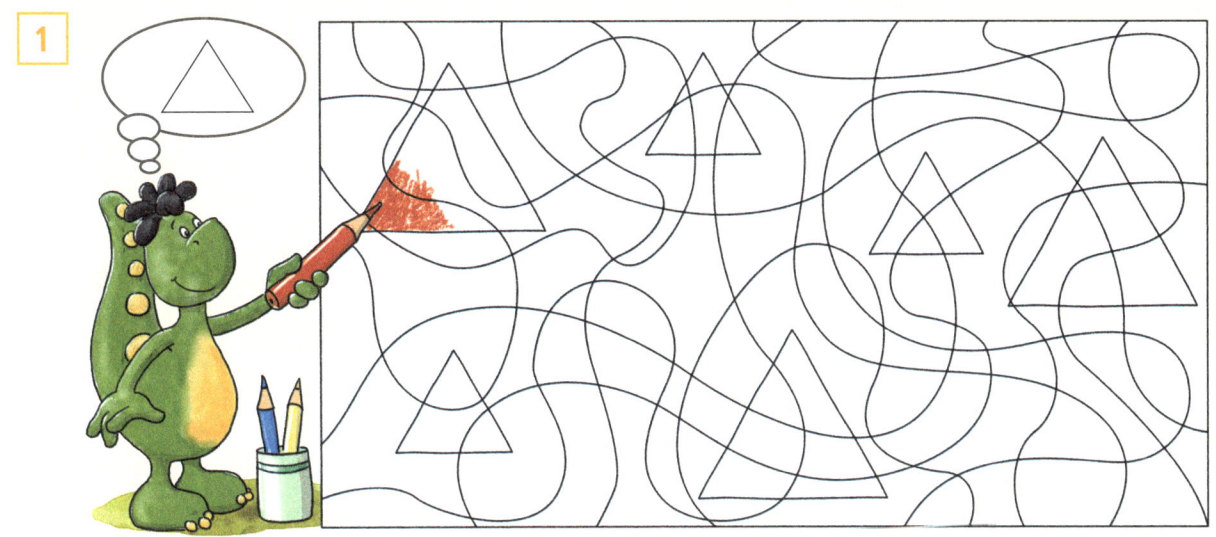

2

3

1 – **2** Figuren (Dreiecke, Ziffern 1, 2, 3) erkennen und färben (Figur-Grund-Diskriminierung).
3 Nur eine Lage ist richtig. Die richtige Lage einkreisen.

7

Links oder rechts / Zahl 1

links   rechts

1

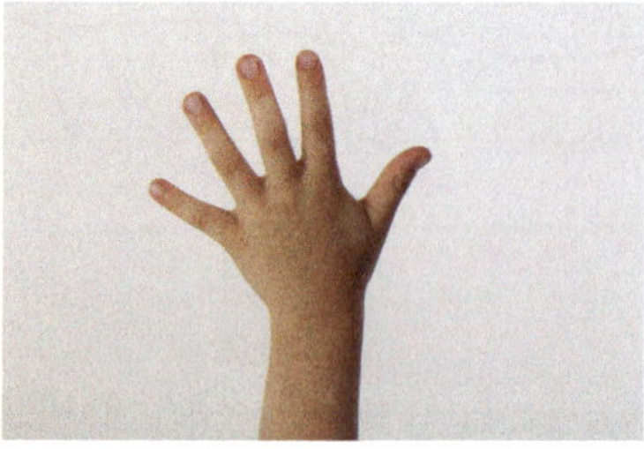

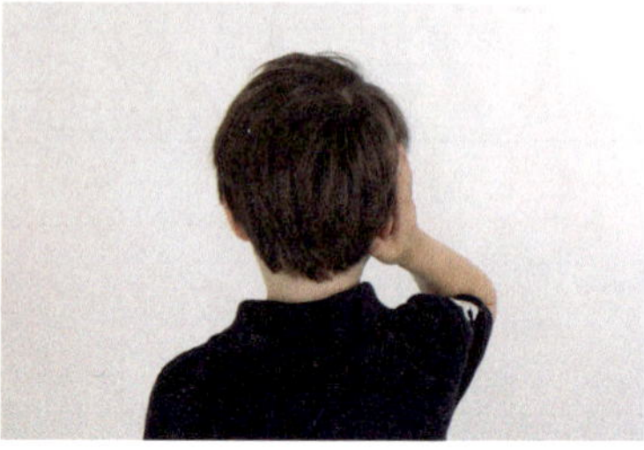

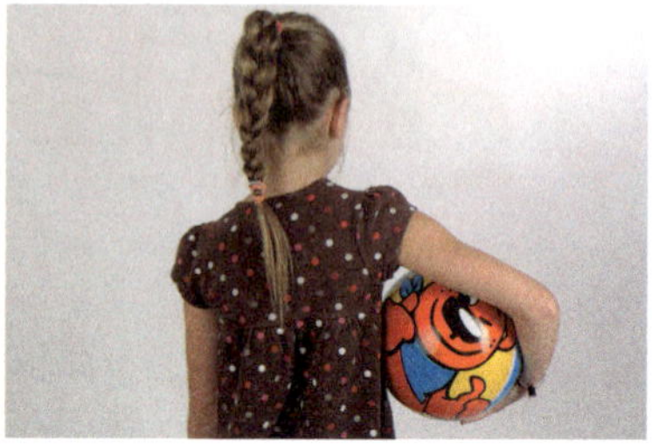

2

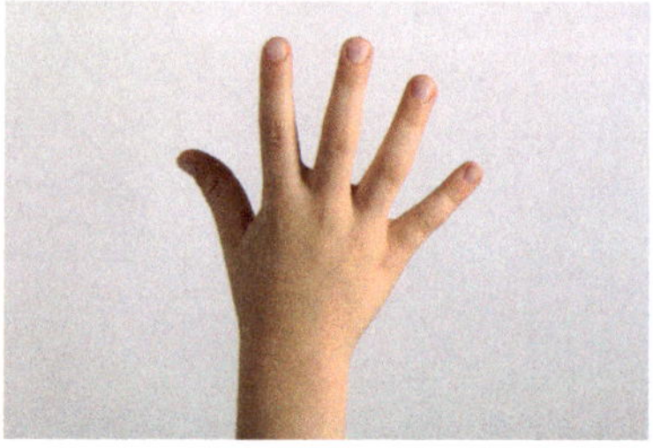

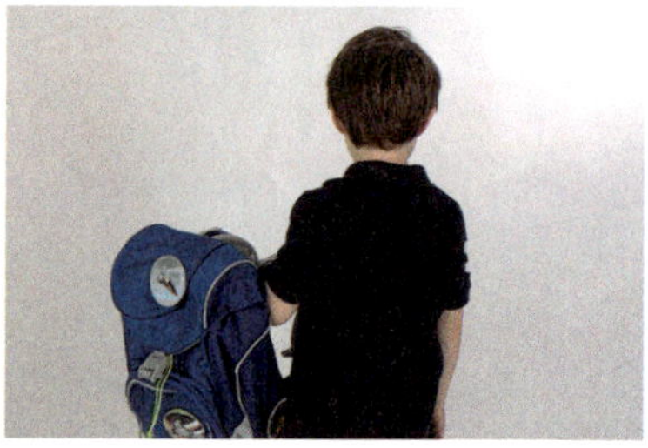

3

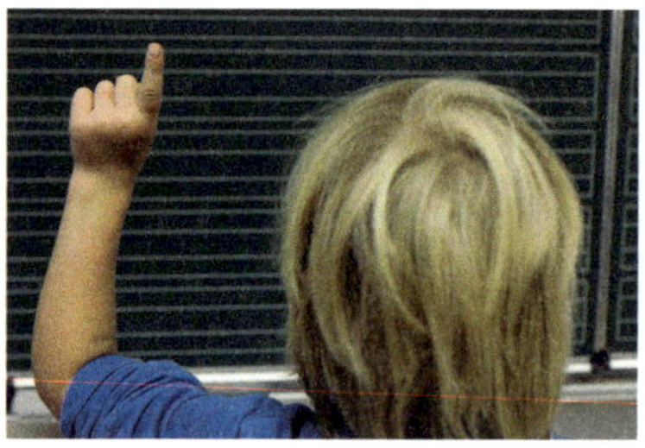

eins

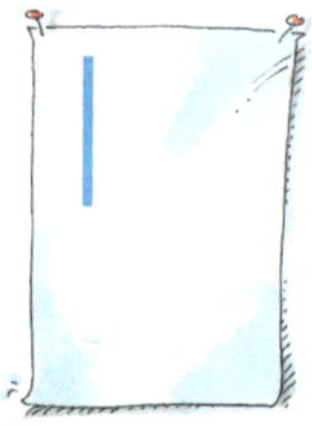

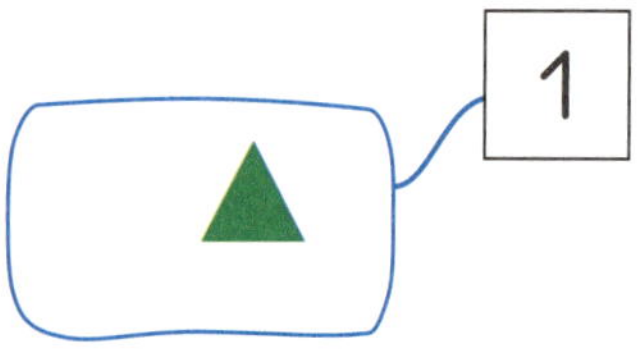

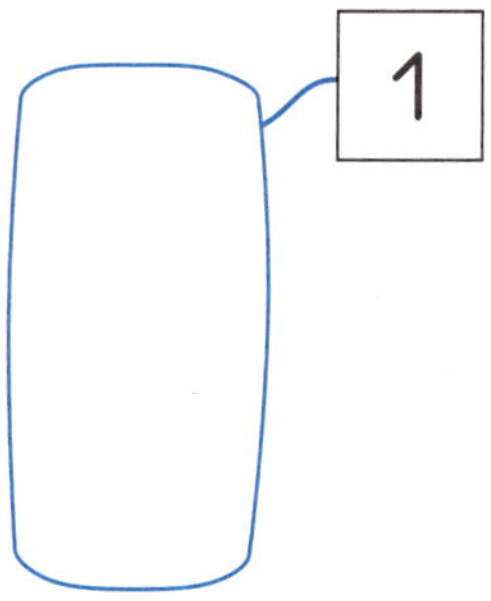

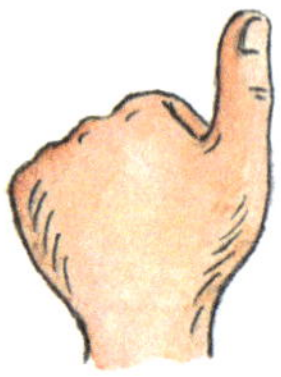

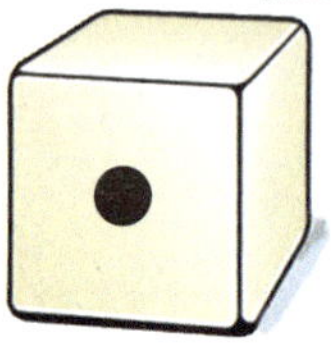

1 – **3** Kästchen passend lila (links) oder rot (rechts) färben. Unten: Darstellungen zur Zahl 1 ergänzen. Beginn des Ziffernschreibkurses.

Links oder rechts / Zahl 2

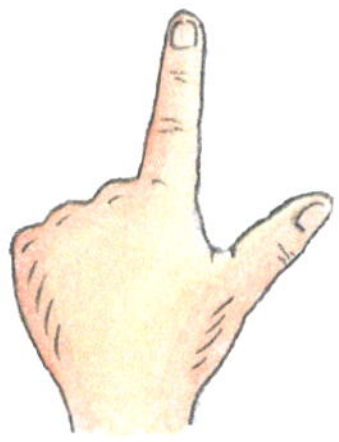

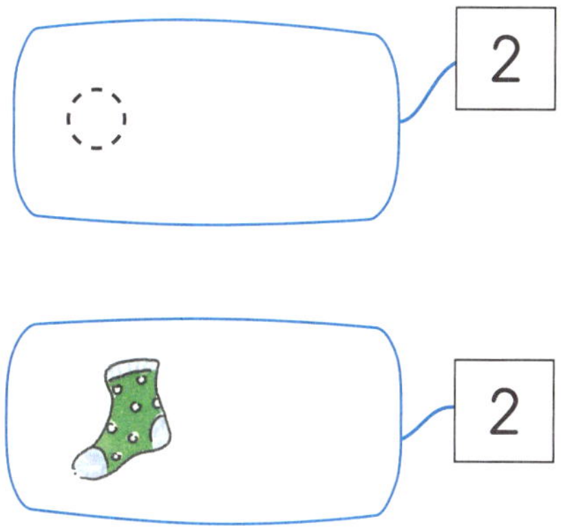

1 – 2 Was sieht Mia links, was sieht sie rechts? Das Kästchen passend lila oder rot färben.
Nach dieser Seite empfiehlt sich Diagnosetest D1.

zwei

9

Zahlvorstellung: Zahlen hören / Zahl 3

1 1 1 | 1 1 2 | 1 1 3

1 – 7 Töne hören und zählen. Zahlen mit Ziffernkarten zeigen, Punkte oder Striche zeichnen oder Zahlen schreiben.

10

Zahlen fühlen / Zahl 4

1

2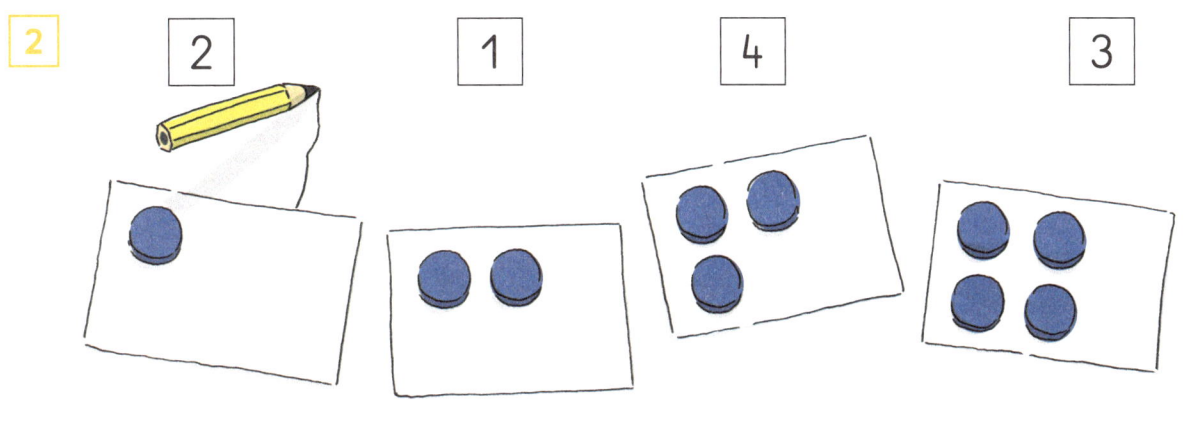

3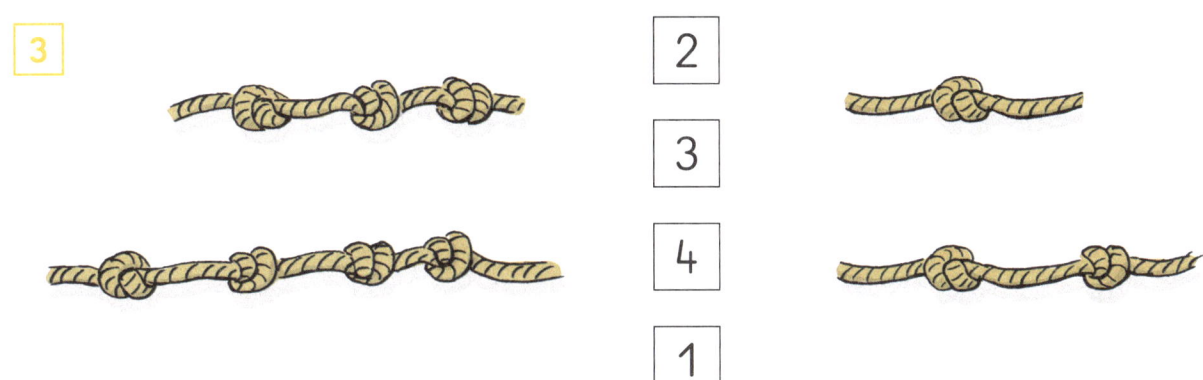

2 – **3** Punkte, Knoten mit den passenden Zahlen verbinden.

Anzahlen bestimmen: Rechenschiffe / Zahl 5

1

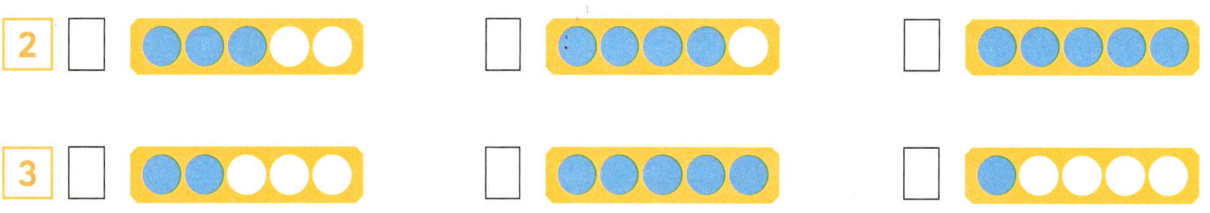

2

3

fünf

5

1 – **3** Zahlen eintragen.

Zahl 6

1

2 3 ⬜⬜ 5 ⬜⬜

3 6 ⬜⬜ 4 ⬜⬜

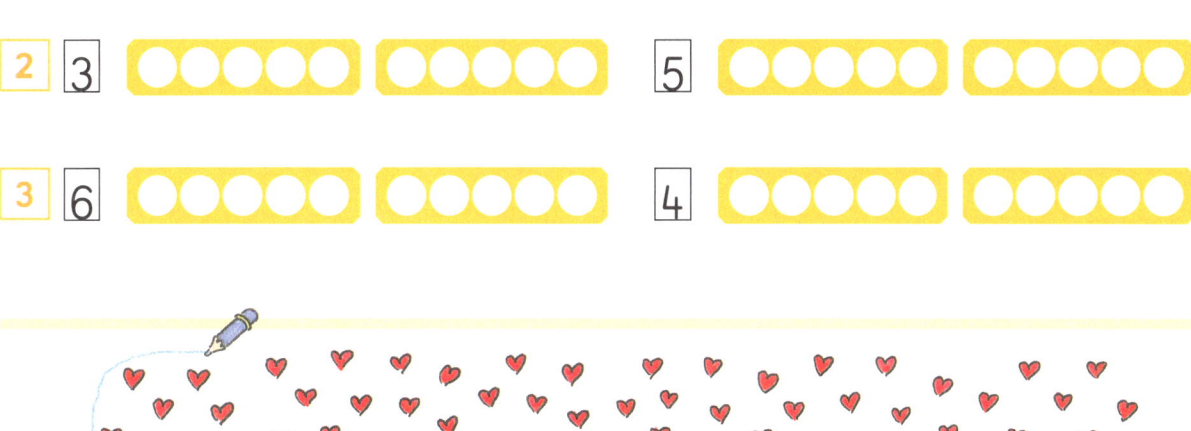

sechs
6

6 auf einen Blick!
5 und ___

6

1 – 3 Plättchen malen.

Anzahlen bestimmen / Zahl 7

sieben

7 auf einen Blick!
5 und ___

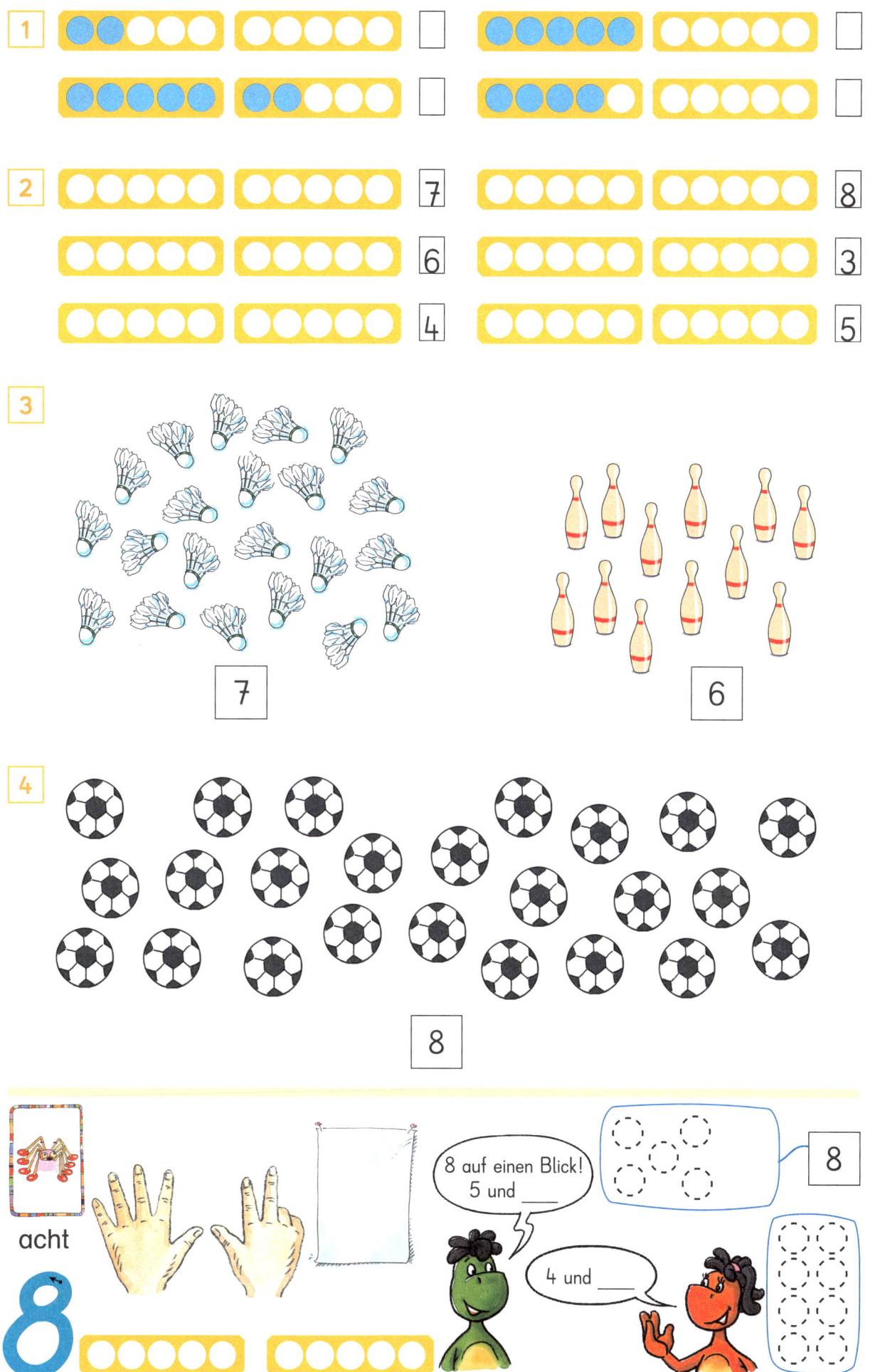

Kraft der Fünf / Zahl 9

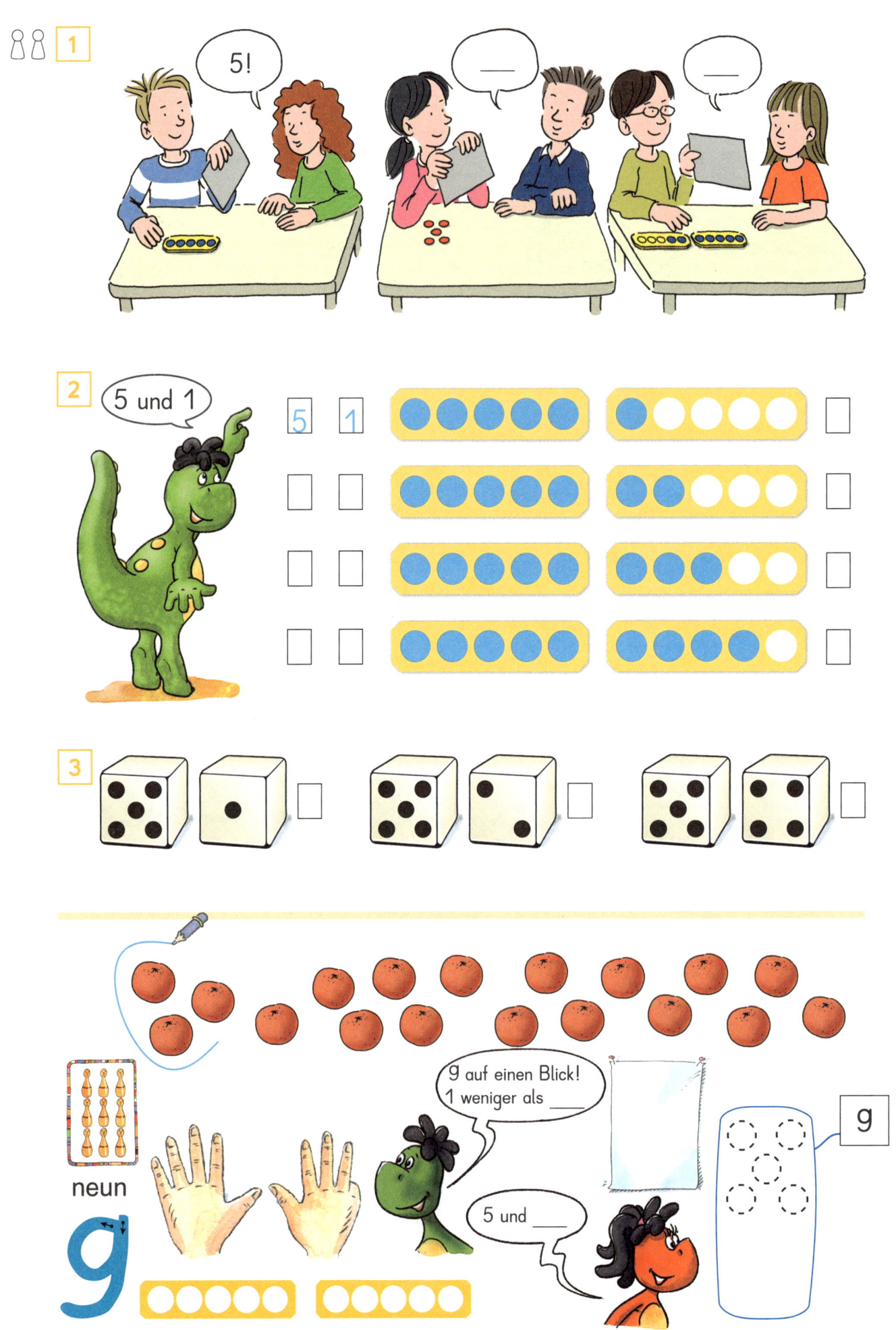

2 Zerlegung und Gesamtzahl eintragen. 3 Anzahlen eintragen. Kraft der Fünf nutzen.

Fingerzahlen / Zahl 0

1

"Kraft der 5"

2

0 null

1 Anzahlen eintragen, Kraft der Fünf nutzen. 2 Fingerzahlen und Rechenschiffe mit passender Zahlenkarte verbinden.

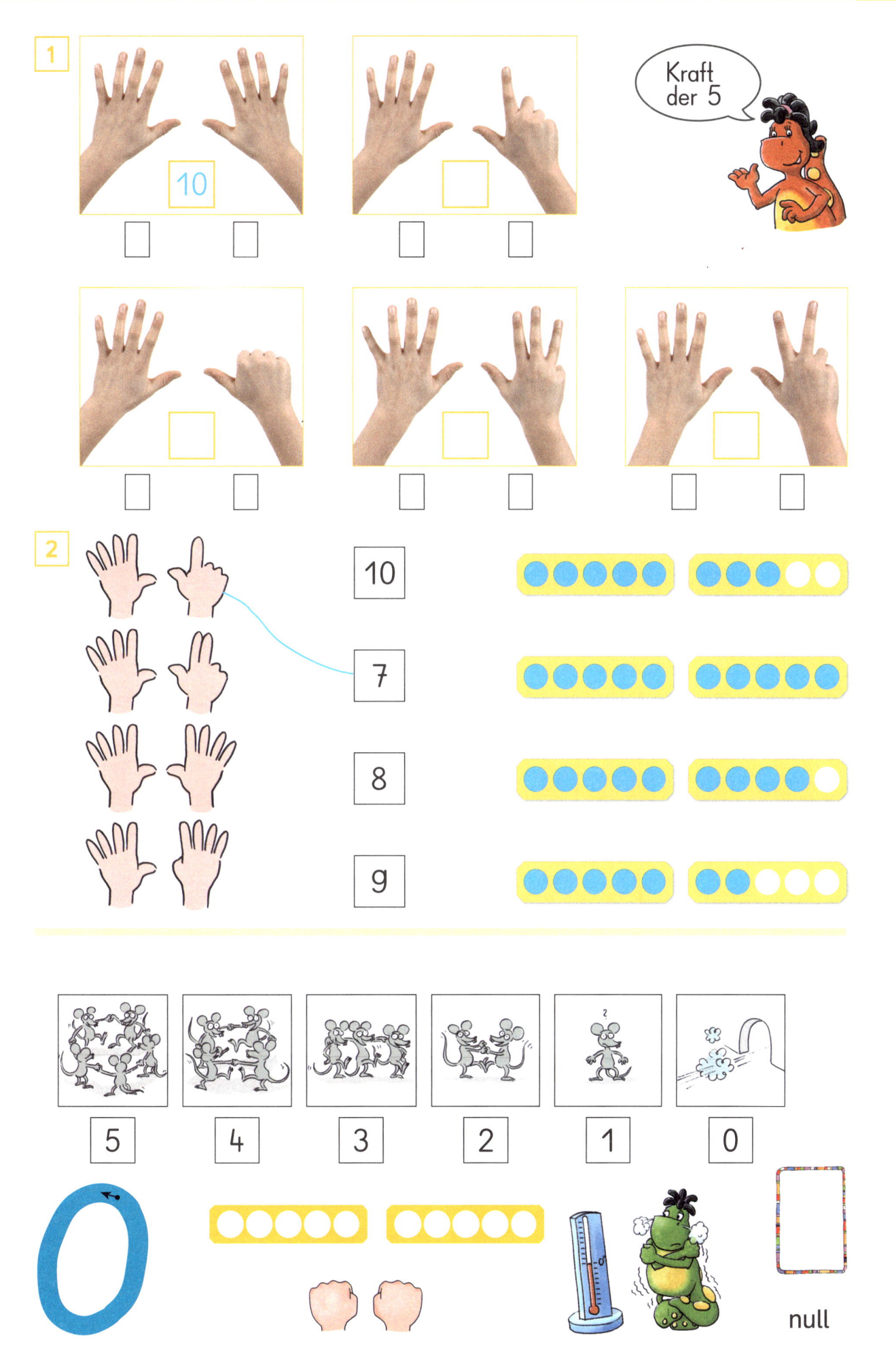

Zahl 10

1

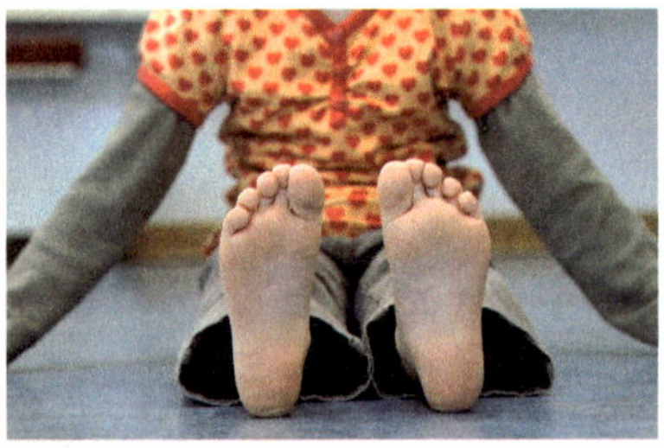

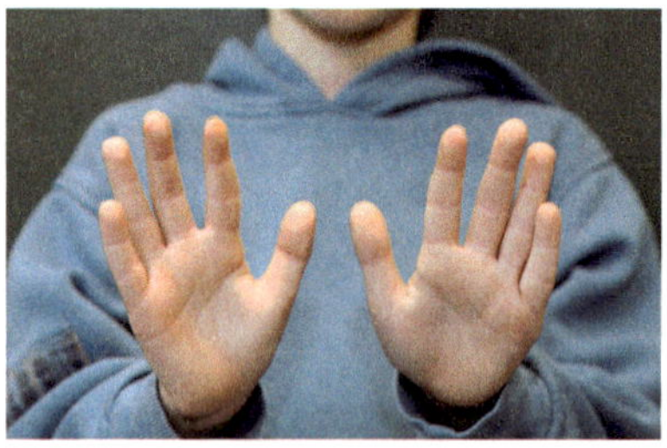

2

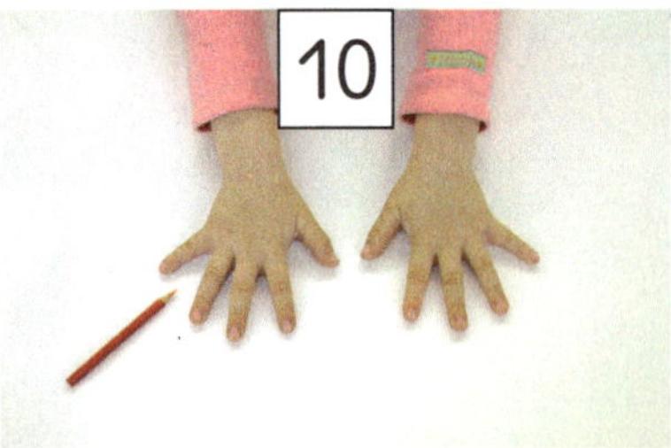

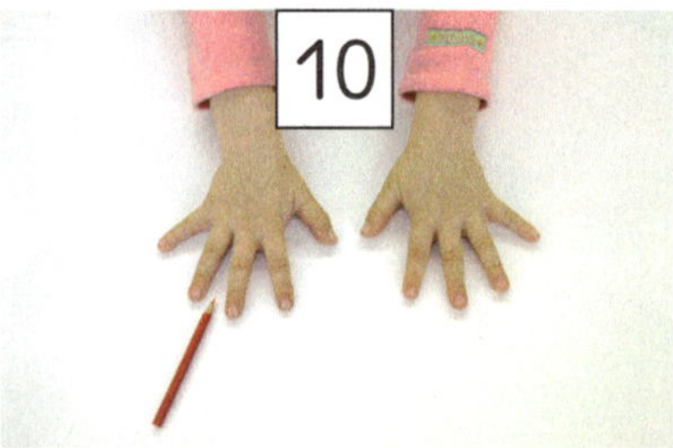

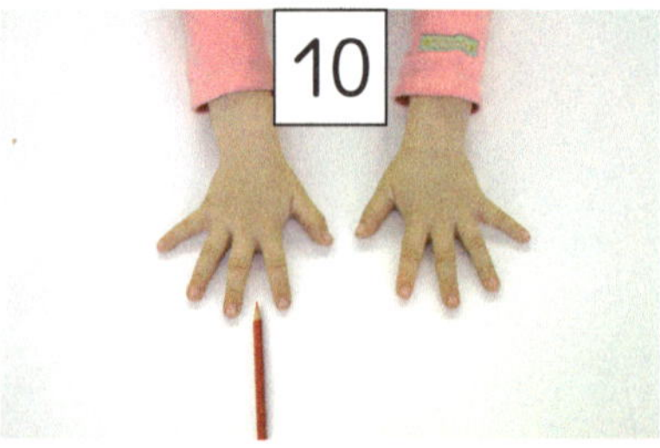

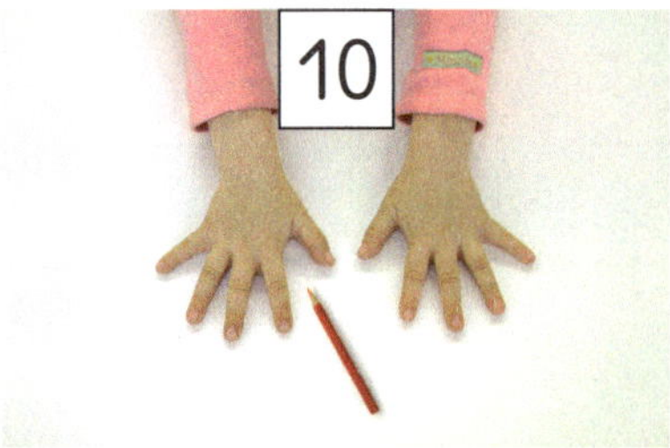

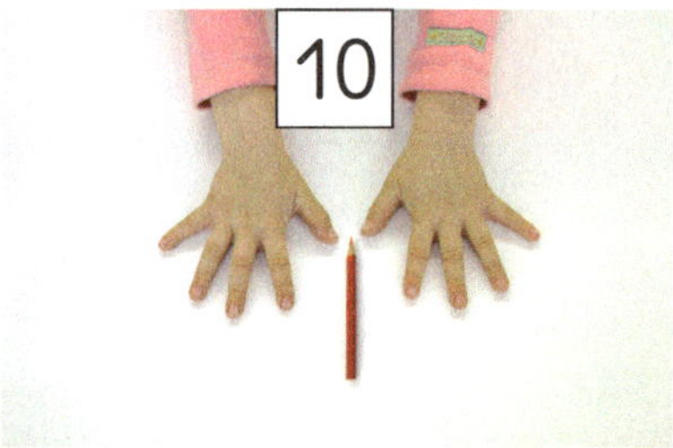

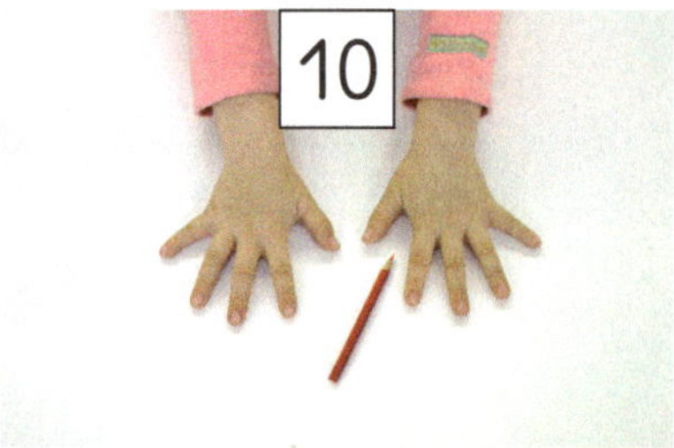

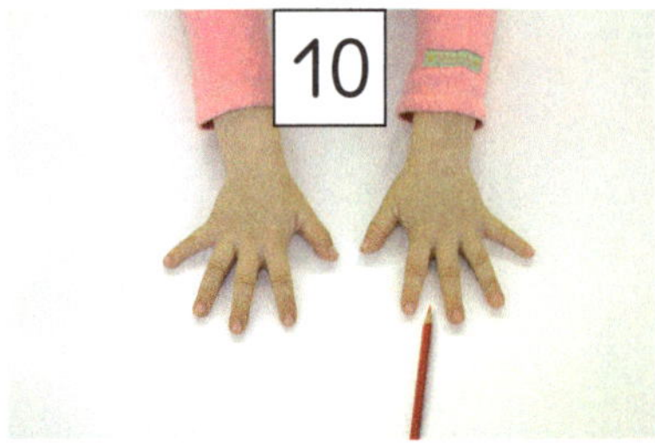

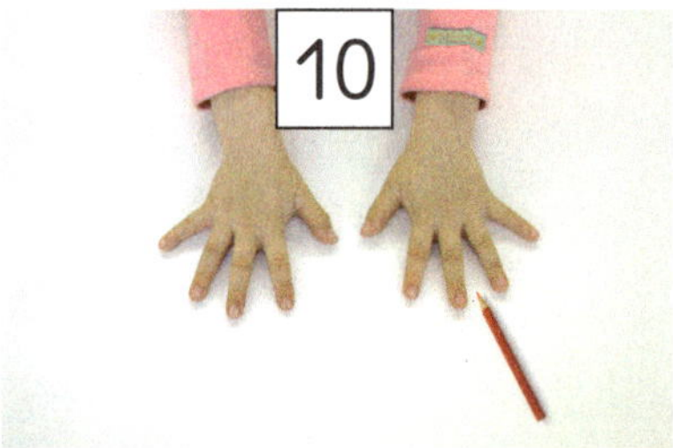

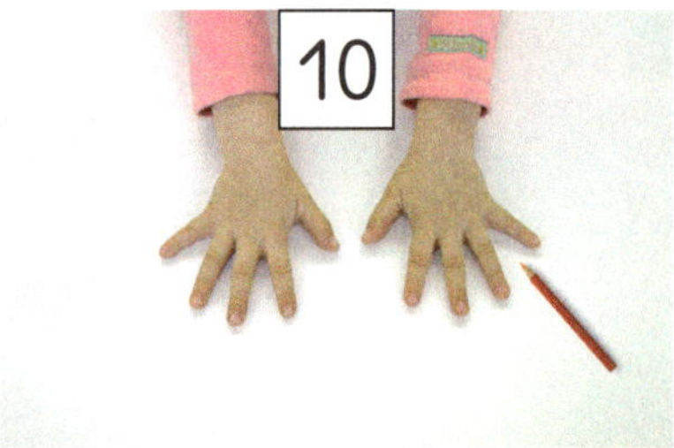

3

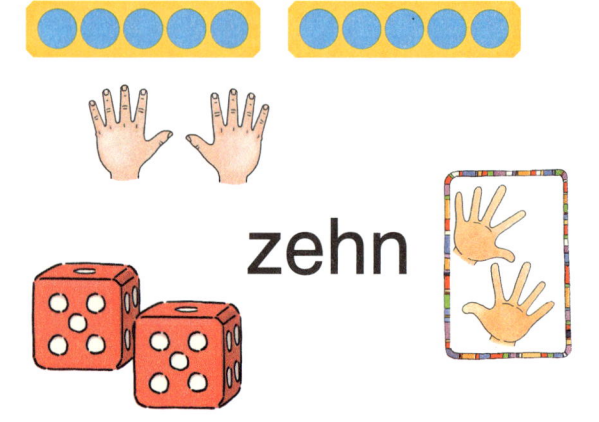

2 Zerlegungen aufschreiben.

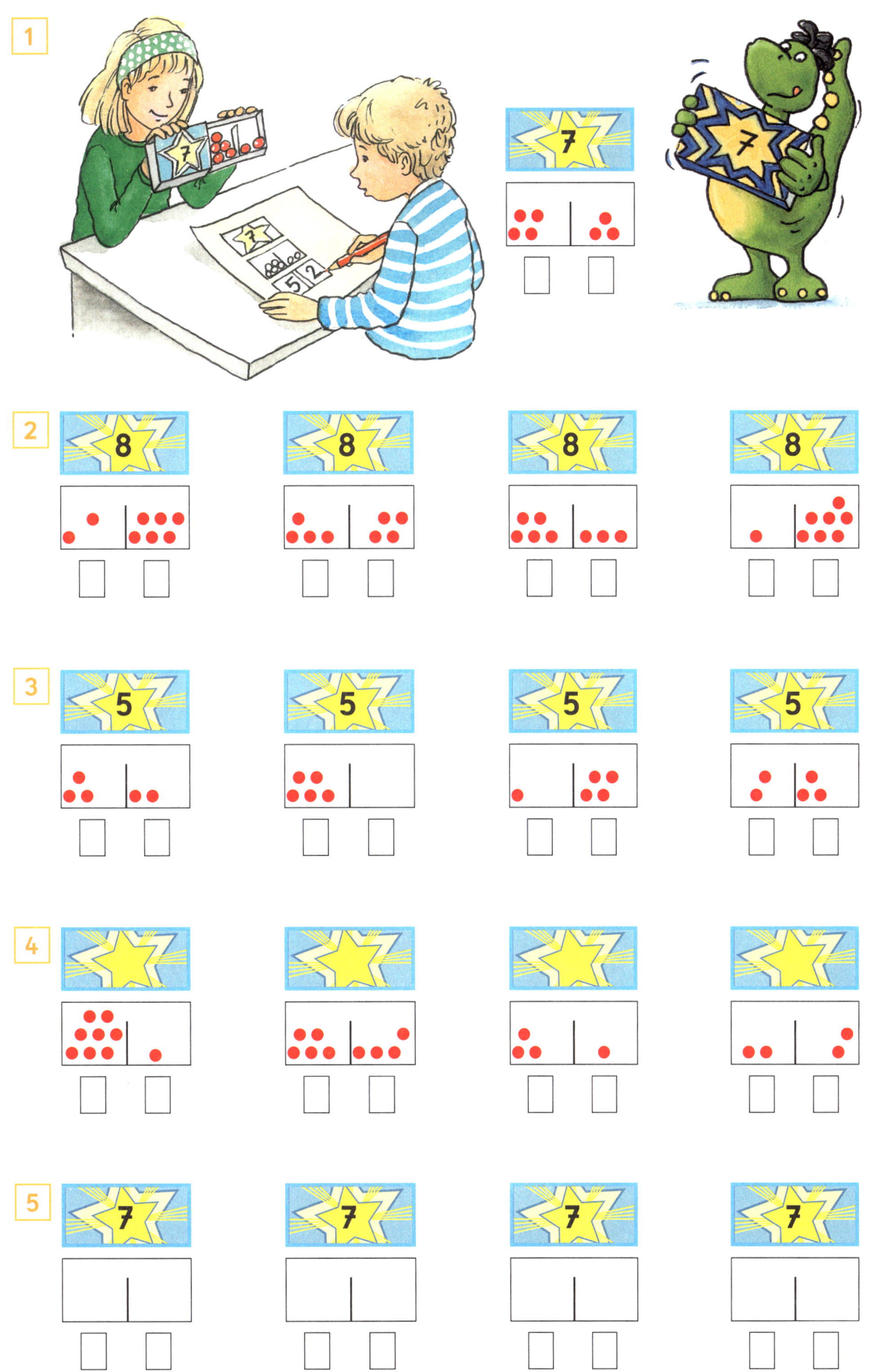

Zerlegungsgeschichten

Erzählen: Wie viele Autos (Enten, ...) sind es? Wie viele blaue, wie viele rote? Gesamtzahl und Zerlegung aufschreiben.
Es sind verschiedene Zerlegungen möglich. Unten: Gesamtzahl und Zerlegung aufschreiben. Plättchen entsprechend färben.

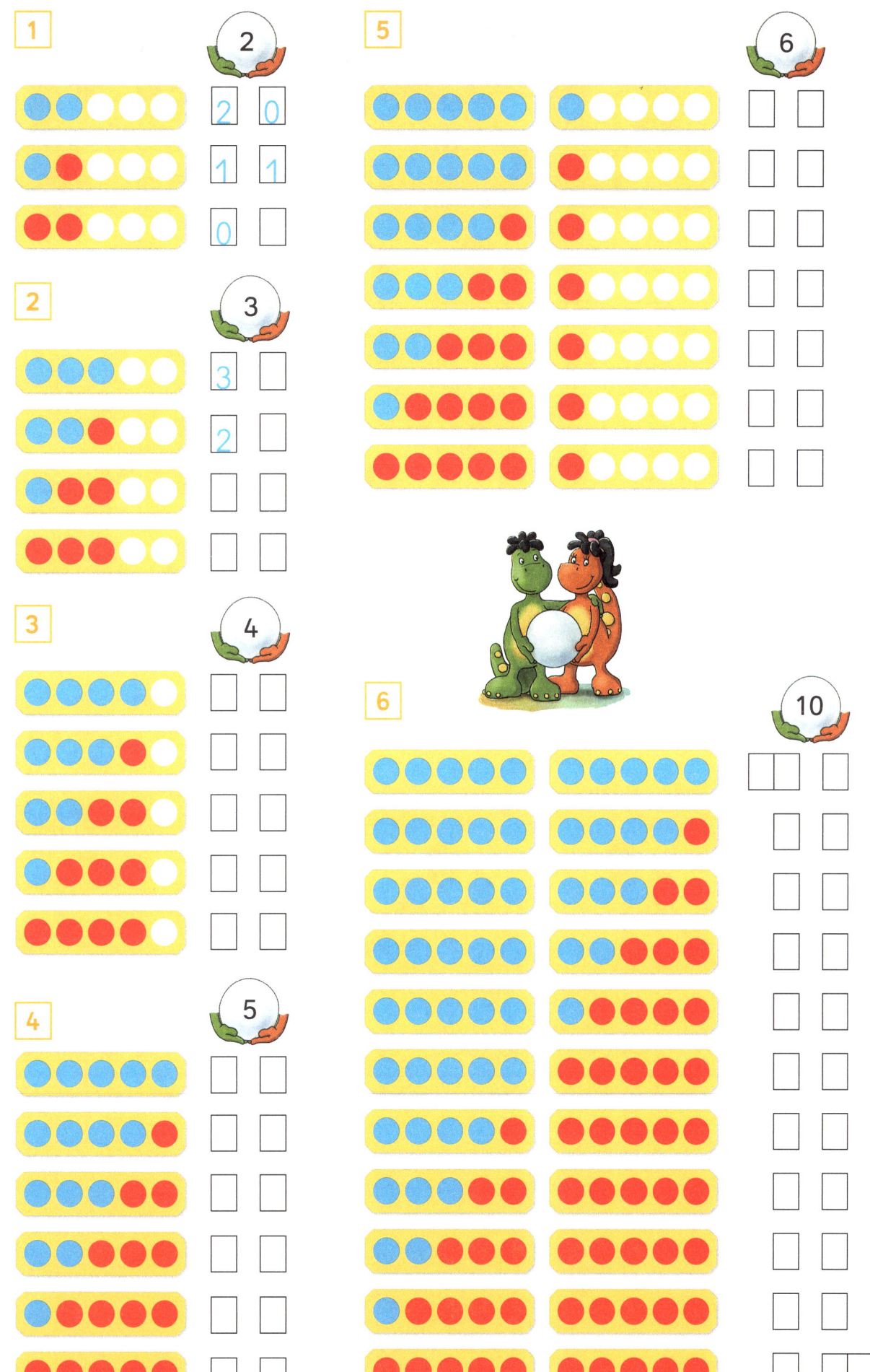

Zahlenreihe: Vorgänger und Nachfolger

1

2

3

4

Ich stehe zwischen ___ und ___.

5

Vorgänger (V)	Zahl	Nachfolger (N)
	2	
	6	
	10	

V	Zahl	N
2		
	5	
		3

V	Zahl	N
	9	
7		
		11

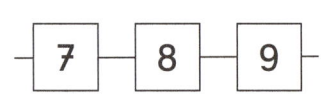

7 ist der Vorgänger (V) von 8.

9 ist der Nachfolger (N) von 8.

8 steht zwischen 7 und 9.

1 – 3 Die fehlenden Zahlen der Zahlenreihe eintragen.   4 – 5 Vorgänger, Zahl und Nachfolger eintragen.

Zahlen vergleichen

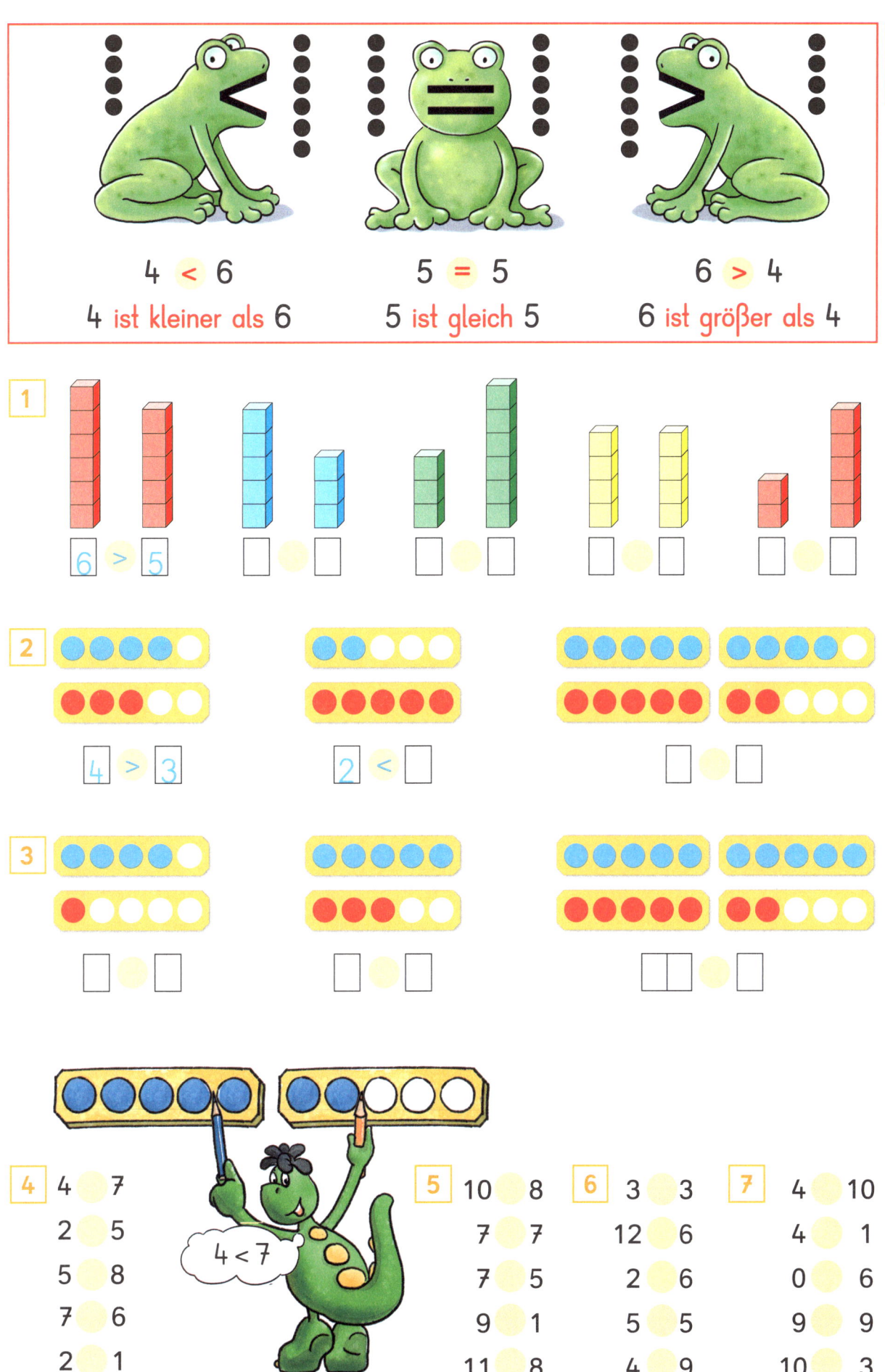

4 < 6
4 ist kleiner als 6

5 = 5
5 ist gleich 5

6 > 4
6 ist größer als 4

1 6 > 5

2 4 > 3   2 < ☐

3

4
4 ◯ 7
2 ◯ 5
5 ◯ 8
7 ◯ 6
2 ◯ 1

4 < 7

5
10 ◯ 8
7 ◯ 7
7 ◯ 5
9 ◯ 1
11 ◯ 8

6
3 ◯ 3
12 ◯ 6
2 ◯ 6
5 ◯ 5
4 ◯ 9

7
4 ◯ 10
4 ◯ 1
0 ◯ 6
9 ◯ 9
10 ◯ 3

1 – **3** Anzahlen vergleichen, Zahlen und Zeichen aufschreiben. **4** – **7** <, > oder = einsetzen. Nach dieser Seite empfiehlt sich Diagnosetest D3.

Körper

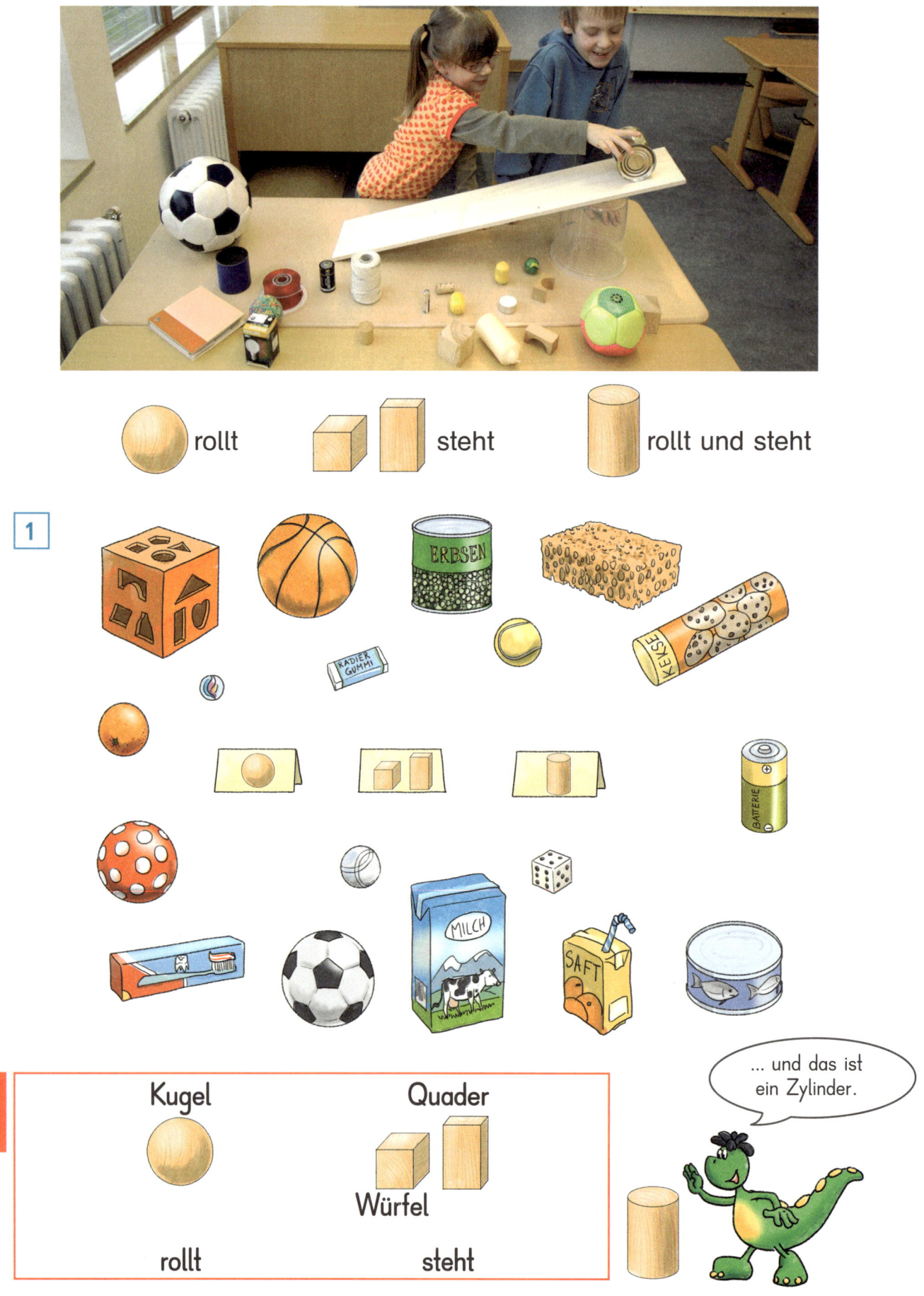

1 Was passt? Verbinden.

Bauen und Zählen

1 – **2** Körper unterscheiden und zählen. Anzahl eintragen. **3** – **7** Anzahl eintragen.
Nach dieser Seite empfiehlt sich Diagnosetest D4.

Addieren

1

4 + 3 = 7
4 plus 3 ist gleich 7

1. He ho, vier Piraten,
he ho, vier Piraten,
he ho, vier Piraten,
wollen in die Ferne.

2. He, dazu noch dreie,
he, dazu noch dreie,
he, dazu noch dreie,
wollen in die Ferne.

3. He, sie sind jetzt sieben,
he, sie sind jetzt sieben,
he, sie sind jetzt sieben,
vier **plus** drei gleich sieben.

___ + ___ = ___

___ + ___ = ___

1 Nachspielen, dabei Zahlen ändern. Piratenlied singen.
2 – **3** Additionsaufgaben schreiben.

1

4 + 3 = ____

2

____

3

____

4

____

5

____

6

____

7
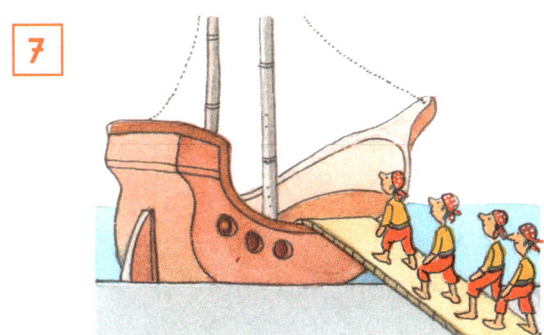
____

8

____

---

3 + 2 = 5   Das ist eine Additionsaufgabe.
3 plus 2 ist gleich 5   + ist das Zeichen für plus.

1 – **8** Additionsgeschichten erzählen, dann Additionsaufgaben schreiben.

27

Addieren mit Rechenschiffen

1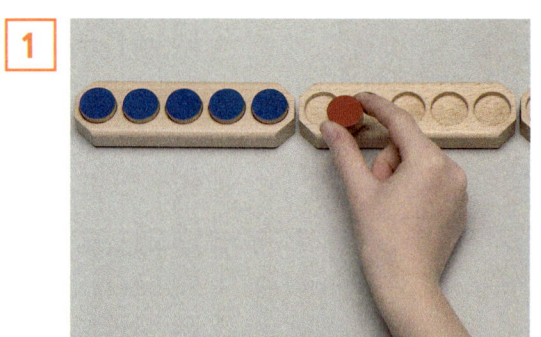

5 + 1 = _____

_____

2

_____

_____

3

_____

_____

4

_____

_____

5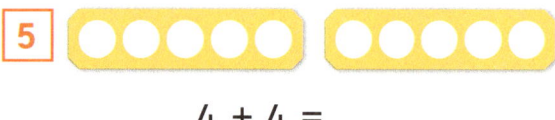

4 + 4 = _____

7 + 2 = _____

6

6 + 2 = _____

2 + 5 = _____

7

_____

_____

8

_____

_____

9 5 + 4 = _____　　**10** 0 + 3 = _____　　**11** 3 + 3 = _____　　**12** 2 + 7 = _____
　　5 + 2 = _____　　　　　7 + 2 = _____　　　　　8 + 1 = _____　　　　　3 + 5 = _____
　　4 + 2 = _____　　　　　4 + 4 = _____　　　　　1 + 7 = _____　　　　　4 + 3 = _____
　　2 + 3 = _____　　　　　6 + 0 = _____　　　　　3 + 6 = _____　　　　　1 + 6 = _____

1 – 4 Additionsaufgaben erkennen und aufschreiben. 5 – 6 Additionsaufgaben darstellen und lösen.
7 – 8 Eigene Aufgaben erfinden. 9 – 12 Additionsaufgaben lösen.

Addieren: Immer eins mehr

1
4 + 1 = ___
4 + 2 = ___
4 + 3 = ___
4 + 4 = ___
4 + 5 = ___

2 
1 + 1 = ___   1 + 4 = ___
1 + 2 = ___   1 + 5 = ___
1 + 3 = ___   1 + 6 = ___

3 
2 + 1 = ___   2 + 4 = ___
2 + 2 = ___   2 + 5 = ___
2 + 3 = ___   2 + 6 = ___

4 
3 + 0 = ___   3 + 2 = ___   3 + 4 = ___   3 + 6 = ___
3 + 1 = ___   3 + 3 = ___   3 + 5 = ___   3 + 7 = ___

Was fällt dir auf?

5
5 + 0 = ___   5 + 2 = ___   5 + 4 = ___   5 + 6 = ___ 
5 + 1 = ___   5 + 3 = ___   5 + 5 = ___   5 + 7 = ___

6 
6 + 0 = ___   6 + 2 = ___   6 + 4 = ___   6 + 6 = ___
6 + 1 = ___   6 + 3 = ___   6 + 5 = ___   6 + 7 = ___

7 3 + 7
3 + 6
3 + 5
3 + 4

8 7 + 0
7 + 1
7 + 2
7 + 3

9 5 + 5
5 + 4
5 + 3
5 + 2

10 6 + 4
6 + 3
6 + 2
6 + 1

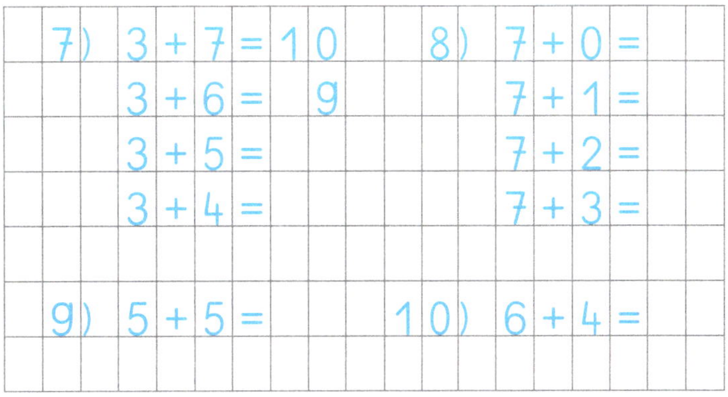

7) 3 + 7 = 10   8) 7 + 0 =
3 + 6 = 9   7 + 1 =
3 + 5 =   7 + 2 =
3 + 4 =   7 + 3 =

9) 5 + 5 =   10) 6 + 4 =

1 – **6** Plättchen malen und Aufgaben lösen. Gesetzmäßigkeiten entdecken.
7 – **10** Aufgaben lösen. Gesetzmäßigkeiten entdecken.

Additionsgeschichten: Im Piratenhafen

4 + 2 = ___

Zu jedem Bild eine Additionsgeschichte erzählen und die Additionsaufgabe schreiben.
Nach dieser Seite empfiehlt sich Diagnosetest D5.

Wo sind Additionsgeschichten zu sehen? Ein Bild zeichnen und die Additionsaufgabe schreiben.

Aufgabe und Tauschaufgabe

1

2

4 + 3 = ___   ___
3 + 4 = ___   ___

3

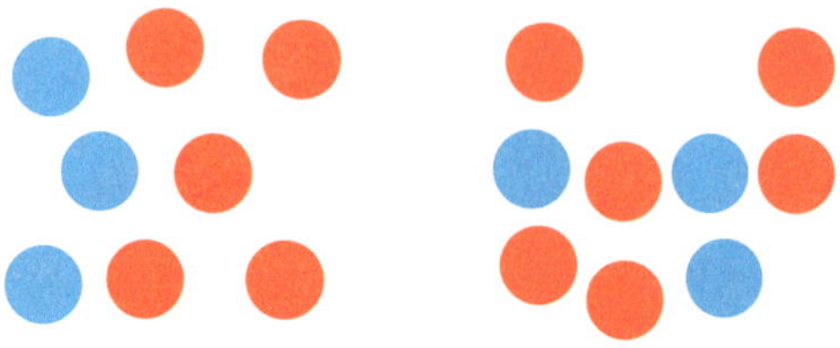

___   ___
___   ___

4

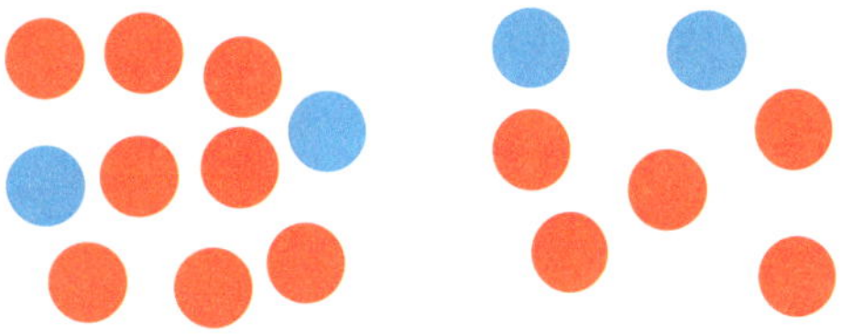

___   ___
___   ___

5

___   ___
___   ___

6 2 + 7 = ___   3 + 7 = ___   4 + 6 = ___   1 + 7 = ___
    ___ + ___ = ___ ___ + ___ = ___ ___ + ___ = ___ ___ + ___ = ___

7 1 + 8 = ___   2 + 5 = ___   1 + 6 = ___   3 + 5 = ___
    ___ + ___ = ___ ___ + ___ = ___ ___ + ___ = ___ ___ + ___ = ___

!
Summand   Summand
  6 + 4 = 10
Summe Summe

Summanden kann man vertauschen.   6 + 4 = 10
Die Summe bleibt gleich.   4 + 6 = 10

2 – **7** Aufgabe und Tauschaufgabe schreiben.

Grundaufgaben der Addition

1

2

3 + 2	2 + 6
1 + 6	4 + 1
3 + 5	5 + 2
7 + 2	1 + 5
3 + 3	3 + 6

3 6 + 1   2 + 5   6 + 3   8 + 1   5 + 1

3 + 4   4 + 2   5 + 4   3 + 3   7 + 0   2 + 7

4
4 + 1 = ___   6 + 0 = ___   8 + 1 = ___   3 + 5 = ___
4 + 2 = ___   6 + 1 = ___   8 + 0 = ___   3 + 6 = ___
4 + 3 = ___   6 + 2 = ___   8 + 2 = ___   3 + 7 = ___

5
3 + 4 = ___   1 + 4 = ___   4 + 2 = ___
3 + 6 = ___   1 + 7 = ___   4 + 5 = ___
3 + 3 = ___   1 + 5 = ___   4 + 6 = ___
3 + 7 = ___   1 + 8 = ___   4 + 4 = ___

6
2 + 4 = ___   5 + 5 = ___   6 + 3 = ___   7 + 0 = ___
2 + 6 = ___   5 + 1 = ___   6 + 4 = ___   7 + 1 = ___
2 + 8 = ___   5 + 4 = ___   6 + 2 = ___   7 + 2 = ___
2 + 5 = ___   5 + 3 = ___   6 + 0 = ___   7 + 3 = ___

7 Finde den Fehler.

1 Partnerspiel mit den Zahlenkarten vom 1 bis 6: Ein Kind zeigt zwei Zahlenkarten, das andere Kind nennt die Aufgabe und das Ergebnis. **2** Karten mit gleichem Ergebnis verbinden. **3** Aufgabe mit der passenden Ergebniskiste verbinden. **7** Wahrnehmungsübung.

Ergänzen

1

4 + ___ = 6

2 + ___ = 6
3 + ___ = 6

2 7

3 + ___ = 7
6 + ___ = 7
5 + ___ = 7

3 8

6 + ___ = 8
4 + ___ = 8
1 + ___ = 8

4

___ + 3 = 5

5

___ + 1 = 5
___ + 5 = 5
___ + 4 = 5

5 8

___ + 5 = 8
___ + 2 = 8
___ + 8 = 8
___ + 3 = 8

6 10

___ + 3 = 10
___ + 6 = 10
___ + 8 = 10
___ + 5 = 10

1 – **6** Fehlende Plättchen malen, fehlende Zahl aufschreiben.

34

Aufgaben zum Entdecken: Zahlenmauern

1 "Ich addiere die Summanden. 6 + 3 = 9" "Auf dem Stein darüber steht immer die Summe."

2 2, 3 | 1, 8 | 2, 4 | 7, 2

3 4 / 2 | 3 / 1 | 7 / 7 | 9 / 4

Vergleiche die Zahlenmauern. Wie geht es weiter?

4 6 / 5 | 6 / 4 | 6 / 3 | 6 / _

5 8 / 8 | 8 / 7 | 8 / _ | 8 / _

6 _ / 5, 1, 0 | _ / 4, 1, 1 | _ / 3, 1, _

7 9 / _ / _ _ _ | 10 / _ / _ _ _ | _ / _ / _ _ _

Zahlenmauern: Benachbarte Zahlen addieren. Die Summe in der Mitte darüber notieren.
4 – 6 Zusammenhang erkennen und nutzen. Folge fortsetzen. **7** Eigene Zahlenmauern schreiben.
Nach dieser Seite empfiehlt sich Diagnosetest D6.

Rechenolympiade: Das hast du gerade gelernt

1

_____   _____   _____

2 4 + 0 = ___   5 + 2 = ___   **3** 7 + 2 = ___   4 + 3 = ___
       4 + 1 = ___   5 + 3 = ___   4 + 5 = ___   2 + 6 = ___
       4 + 2 = ___   5 + 4 = ___   6 + 2 = ___   1 + 4 = ___

4 8 + 2 = ___   6 + 3 = ___   **5** 3 + 0 = ___   2 + 3 = ___
       1 + 7 = ___   2 + 4 = ___   3 + 1 = ___   2 + 4 = ___
       4 + 4 = ___   5 + 5 = ___   3 + 2 = ___   2 + 2 = ___

6

1 + ___ = 6

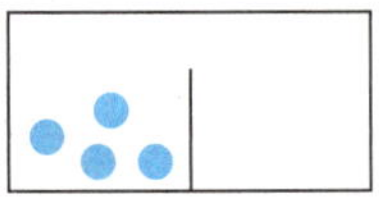

4 + ___ = 6

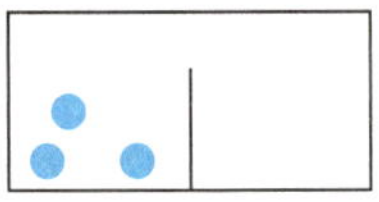

3 + ___ = 6

7 3 + ___ = 8   2 + ___ = 6
       1 + ___ = 5   6 + ___ = 9
       2 + ___ = 7   5 + ___ = 9

8    **9**

_____   _____   _____   _____

_____   _____   _____   _____

Smileys zur Selbsteinschätzung nutzen.
6 Fehlende Plättchen malen, fehlende Zahl aufschreiben.   **8** – **9** Aufgabe und Tauschaufgabe schreiben.
Diese Rechenolympiade befindet sich als Kopiervorlage im Lehrermaterial.

36

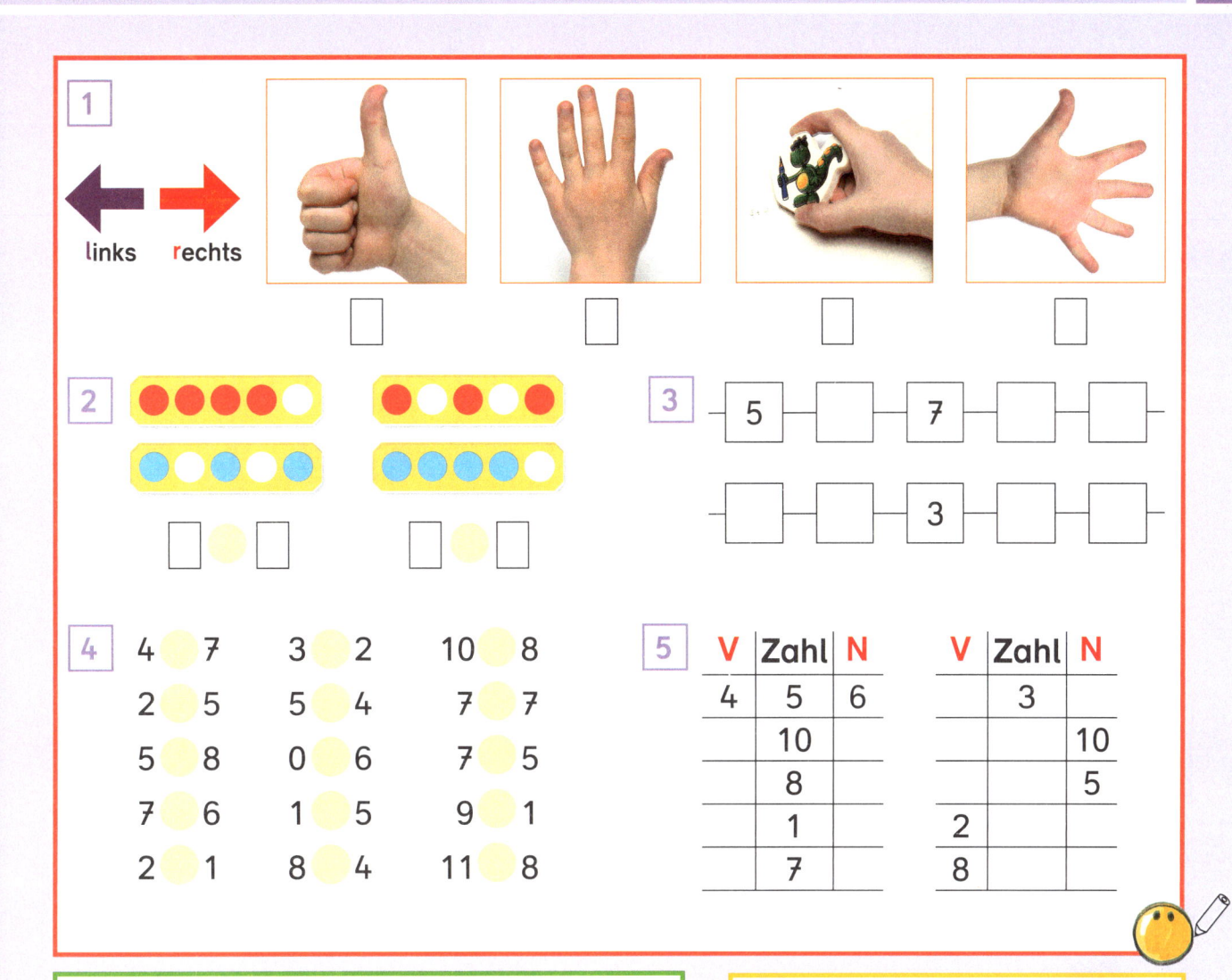

Rechenolympiade: Kannst du das noch?

1 links ← rechts →

2

3 | 5 | | 7 | | |

| | | | 3 | | |

4
4 ◯ 7   3 ◯ 2   10 ◯ 8
2 ◯ 5   5 ◯ 4   7 ◯ 7
5 ◯ 8   0 ◯ 6   7 ◯ 5
7 ◯ 6   1 ◯ 5   9 ◯ 1
2 ◯ 1   8 ◯ 4   11 ◯ 8

5

V	Zahl	N
4	5	6
	10	
	8	
	1	
	7	

V	Zahl	N
		3
		10
		5
	2	
	8	

6

7 4 5

8 8 / 7   6 / 0

9 7 / 4   7 / 1

10 8   9

2 Anzahlen eintragen und vergleichen.   **3** Fehlende Zahlen eintragen.   **4** <, > oder = einsetzen.
5 Vorgänger, Zahl und Nachfolger eintragen.   **6** Was passt? Verbinden.   **10** Es sind verschiedene Lösungen möglich.

37

Subtrahieren

1

5 − 3 = 2
5 minus 3 ist gleich 2

5 − 3 = _____

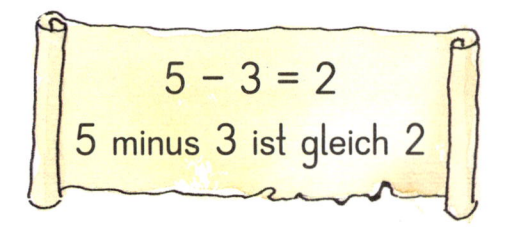

1. He ho, fünf Piraten,
he ho, fünf Piraten,
he ho, fünf Piraten,
wollen in die Ferne.

2. He, drei geh'n von Bord,
he, drei geh'n von Bord,
he, drei geh'n von Bord,
woll'n nicht mehr in die Ferne.

3. He, sie sind noch zweie,
he, sie sind noch zweie,
he, sie sind noch zweie,
fünf **minus** drei gleich zwei.

2

Es waren ____. _____

3

Es waren ____. _____

4

Es waren ____. _____

5

Es waren ____. _____

1 Nachspielen, dabei Zahlen ändern. Piratenlied dazu singen.   **2** – **5** Subtraktionsaufgaben schreiben.

1 Es waren ___.

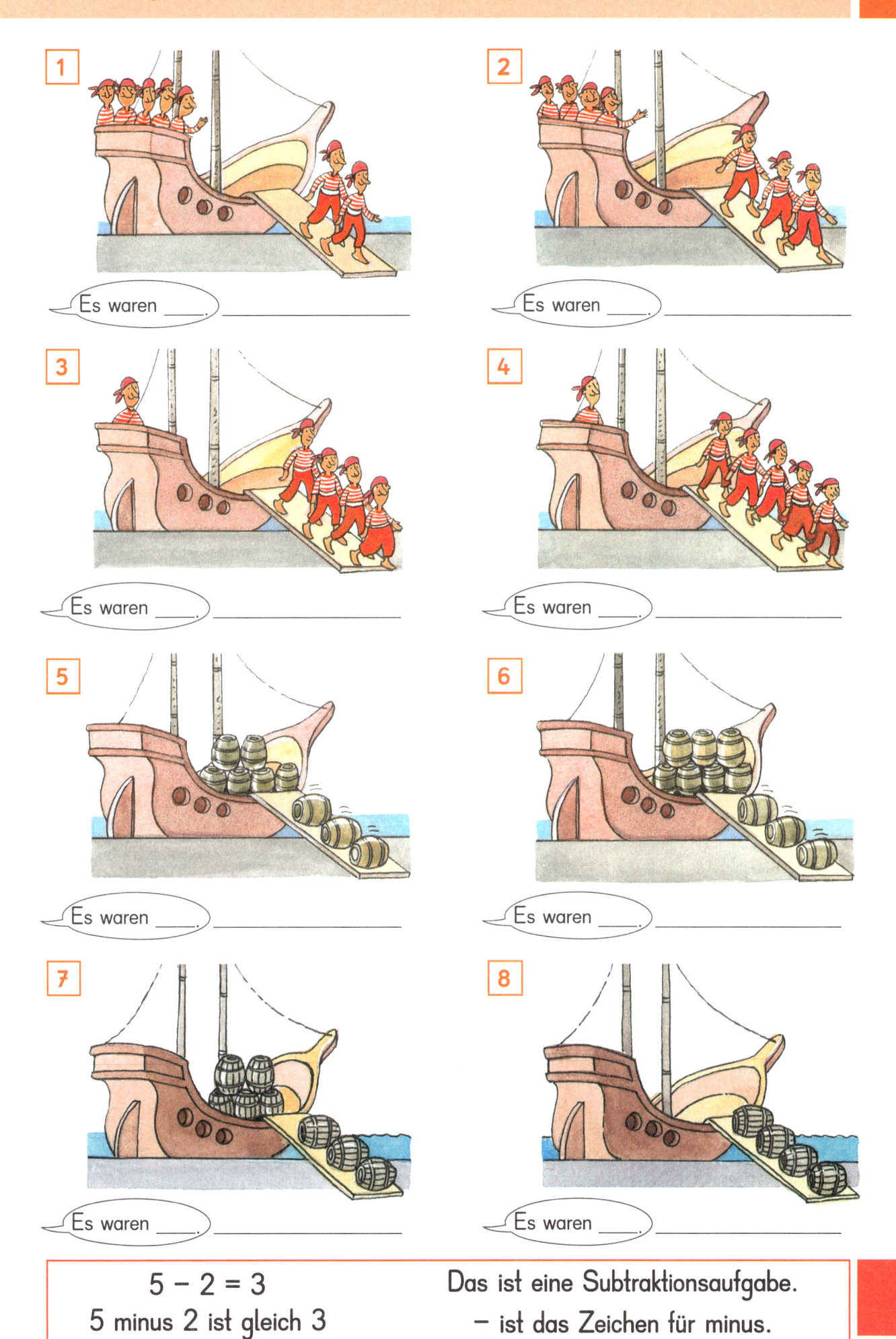

2 Es waren ___.

3 Es waren ___.

4 Es waren ___.

5 Es waren ___.

6 Es waren ___.

7 Es waren ___.

8 Es waren ___.

$5 - 2 = 3$
5 minus 2 ist gleich 3

Das ist eine Subtraktionsaufgabe.
− ist das Zeichen für minus.

1 – **8** Subtraktionsgeschichten erzählen, dann Subtraktionsaufgaben schreiben.

Subtraktionsgeschichten

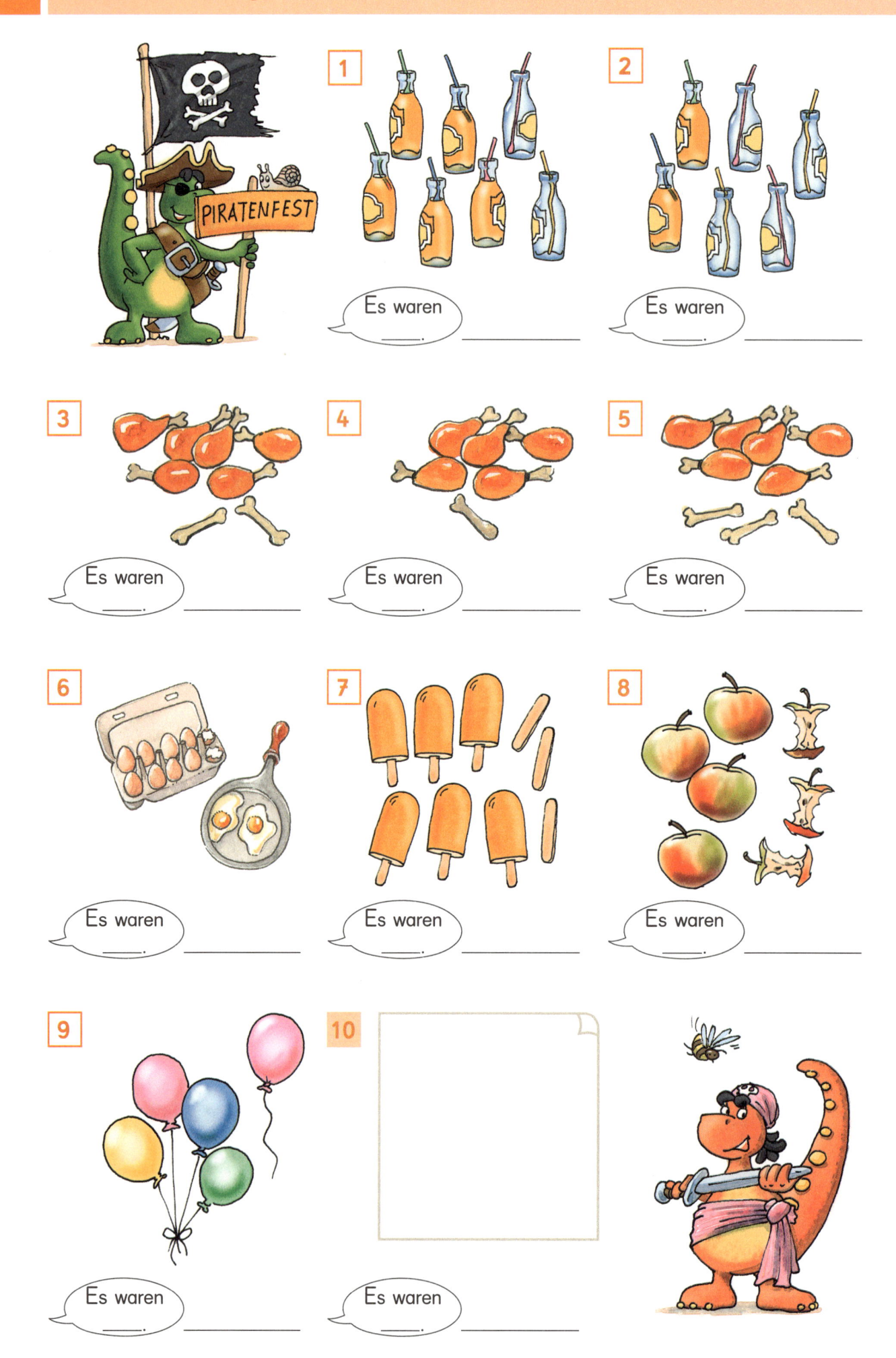

1 Es waren ___.___

2 Es waren ___.___

3 Es waren ___.___

4 Es waren ___.___

5 Es waren ___.___

6 Es waren ___.___

7 Es waren ___.___

8 Es waren ___.___

9 Es waren ___.___

10 Es waren ___.___

1 – **9** Subtraktionsgeschichten erzählen, dann Subtraktionsaufgaben schreiben.
10 Eigene Subtraktionsgeschichte erfinden, dann Subtraktionsaufgabe schreiben.

Subtrahieren mit Rechenschiffen

1

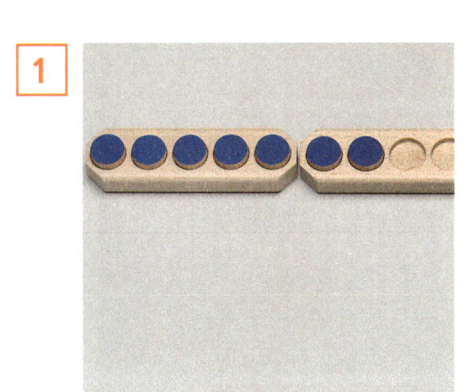

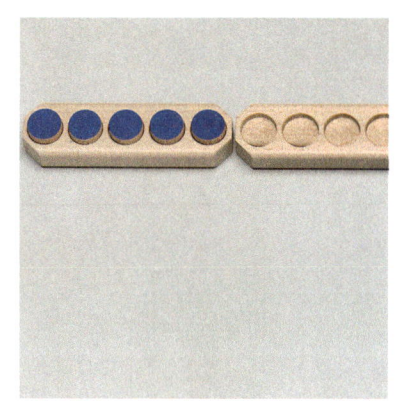

$7 - 2 =$ _____

2 $9 - 3 =$ _____   **3** _____

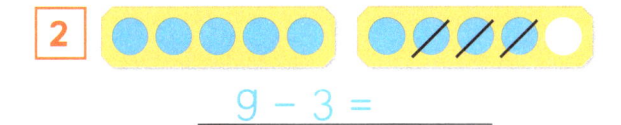

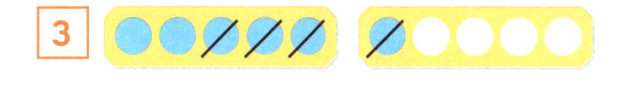

4 _____   **5** _____

6 $9 - 4 =$ _____   **7** $8 - 3 =$ _____

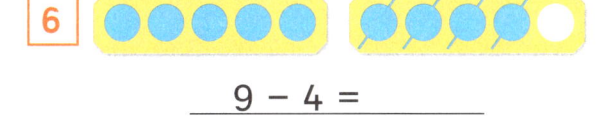

8 $6 - 5 =$ _____   **9** $8 - 5 =$ _____

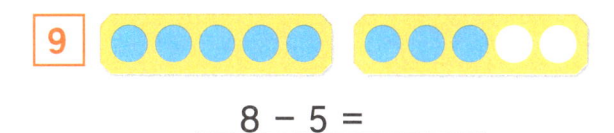

10 $5 - 1 =$ _____   **11** $5 - 3 =$ _____

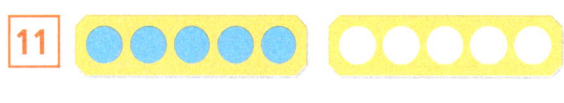

12 Links (l) oder rechts (r)?

1 Nachspielen: Einer legt 7 Plättchen, der Nachbar nimmt 2 weg. Zahlen ändern, Subtraktionsaufgabe schreiben.
2 – 5 Subtraktionsaufgaben schreiben.   6 – 11 Plättchen wegstreichen, Ergebnis schreiben.
Nach dieser Seite empfiehlt sich Diagnosetest D7.

41

Subtrahieren: Immer eins weniger

1

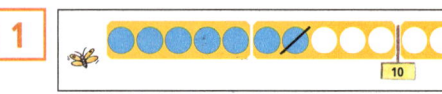

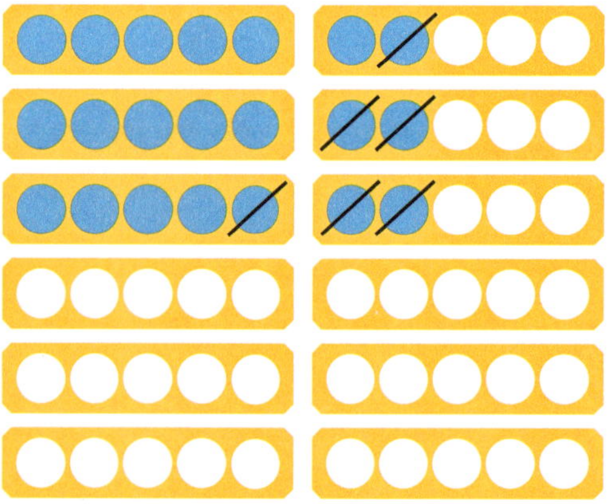

7 − 1 = ___
7 − 2 = ___
7 − 3 = ___
7 − 4 = ___
7 − 5 = ___
7 − 6 = ___

2

8 − 1 = ___   8 − 4 = ___
8 − 2 = ___   8 − 5 = ___
8 − 3 = ___   8 − 6 = ___

3

6 − 1 = ___   6 − 4 = ___
6 − 2 = ___   6 − 5 = ___
6 − 3 = ___   6 − 6 = ___

4

10 − 1 = ___   10 − 4 = ___
10 − 2 = ___   10 − 5 = ___
10 − 3 = ___   10 − 6 = ___

5

9 − 1 = ___   9 − 4 = ___
9 − 2 = ___   9 − 5 = ___
9 − 3 = ___   9 − 6 = ___

6

8 − 5 = ___   10 − 6 = ___   9 − 6 = ___   7 − 4 = ___
8 − 6 = ___   10 − 7 = ___   9 − 7 = ___   7 − 5 = ___
8 − 7 = ___   10 − 8 = ___   9 − 8 = ___   7 − 6 = ___
___   ___   ___   ___

7 Wie viele Würfel sind es?

___   ___   ___   ___

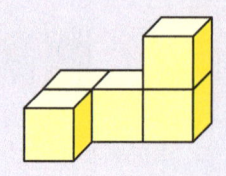

1 – 5 Gesetzmäßigkeiten entdecken.   6 Gesetzmäßigkeiten entdecken. Folgen fortsetzen.

331 | 332

Grundaufgaben der Subtraktion

1
10 – 2	8 – 3	9 – 5
10 – 5	6 – 2	10 – 7
9 – 3	9 – 1	10 – 4
9 – 0	9 – 4	6 – 3

1) 10 – 2 = 8   8 – 3 =
10 – 5 =
9 – 3 =   =
9 – 0 =   =

2
7 – 6	6 – 6	8 – 0	5 – 1	10 – 0
5 – 2	7 – 3	5 – 4	9 – 6	8 – 4
3 – 1	4 – 1	3 – 3	8 – 8	7 – 1
8 – 4	9 – 4	7 – 2	7 – 5	2 – 1

3
2 – 2 = ____   4 – 4 = ____   0 – 0 = ____   7 – 6 = ____
3 – 2 = ____   5 – 4 = ____   1 – 0 = ____   8 – 6 = ____
4 – 2 = ____   6 – 4 = ____   2 – 0 = ____   9 – 6 = ____

4
8 – 2 = ____   6 – 3 = ____   7 – 1 = ____   5 – 0 = ____
8 – 3 = ____   6 – 4 = ____   7 – 2 = ____   5 – 1 = ____
8 – 4 = ____   6 – 5 = ____   7 – 3 = ____   5 – 2 = ____

5
5 – 5	9 – 9	6 – 0	0 – 0	10 – 9
5 – 0	8 – 7	6 – 1	10 – 10	1 – 0
5 – 1	9 – 0	6 – 6	10 – 1	10 – 0

6 Finde Zerlegungen zur 10.

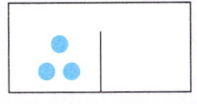

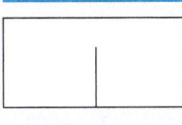

3 – 4 Gesetzmäßigkeiten entdecken. Folgen fortsetzen.   6 Zerlegungen zur Zehn finden. Plättchen malen und Zerlegung aufschreiben.

43

Subtraktionsgeschichten: Auf der Pirateninsel

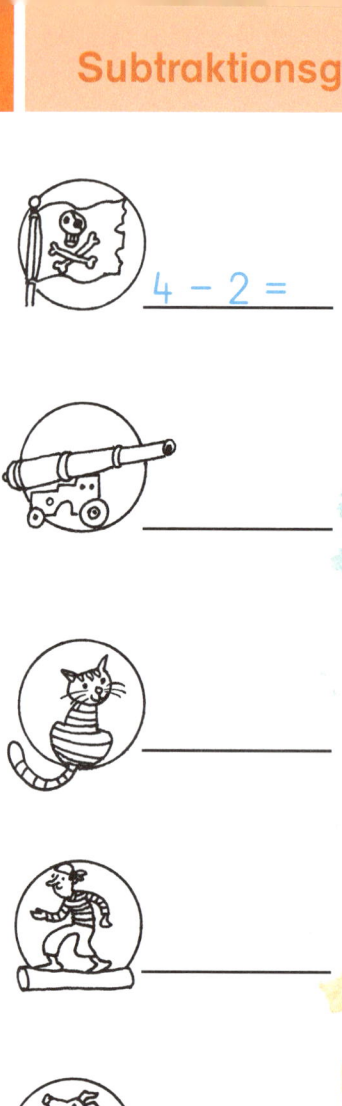

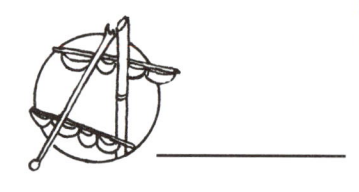

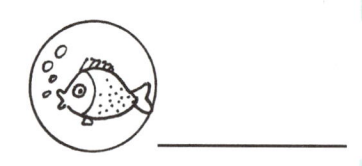

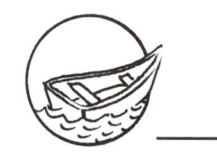

4 − 2 = ___

Zu jedem Bild eine Subtraktionsgeschichte erzählen und die Subtraktionsaufgabe schreiben.

Wo sind Subtraktionsgeschichten zu sehen? Ein Bild zeichnen und die Subtraktionsaufgabe schreiben.

45

Übungen zum Subtrahieren

1
9 − 7 = ___
9 − 3 = ___
9 − 4 = ___
9 − 5 = ___
9 − 6 = ___
9 − 8 = ___

2
7 − 2 = ___
7 − 1 = ___
7 − 3 = ___
7 − 6 = ___
7 − 4 = ___
7 − 5 = ___

3
8 − 7 = ___
8 − 6 = ___
8 − 4 = ___
8 − 5 = ___
8 − 2 = ___
8 − 3 = ___

4
9 − 8 = ___
10 − 5 = ___
7 − 1 = ___
8 − 4 = ___
5 − 2 = ___
2 − 0 = ___

5
6 − 6 = ___
10 − 5 = ___
3 − 1 = ___
6 − 0 = ___
7 − 4 = ___
4 − 3 = ___

6
4 − 0 − 2 = ___
7 − 4 − 2 = ___
10 − 1 − 1 = ___
8 − 3 − 2 = ___
6 − 5 − 1 = ___
9 − 3 − 0 = ___

Immer zwei Schiffe sehen gleich aus.

Aufgaben zum Entdecken: Minustrauben

Ich rechne 8 − 3.

Das ist nicht lösbar.

1 | 9 4 | 7 2 | 6 5 | 8 7

2 | 7 3 | 3 1 | 9 6 | 6 2

3 | 9 0 | 4 4 | 5 7 | 7 5

4 | 9 5 | 6 6 | 9 7 | 5 9

5

Minustrauben: Benachbarte Zahlen von links nach rechts subtrahieren. Die Differenz in die Mitte darunter schreiben.
3 – **4** Jeweils eine Traube ist nicht lösbar. Durchstreichen. **5** Eigene Minustrauben erfinden.
Nach dieser Seite empfiehlt sich Diagnosetest D8.

Ebene Figuren

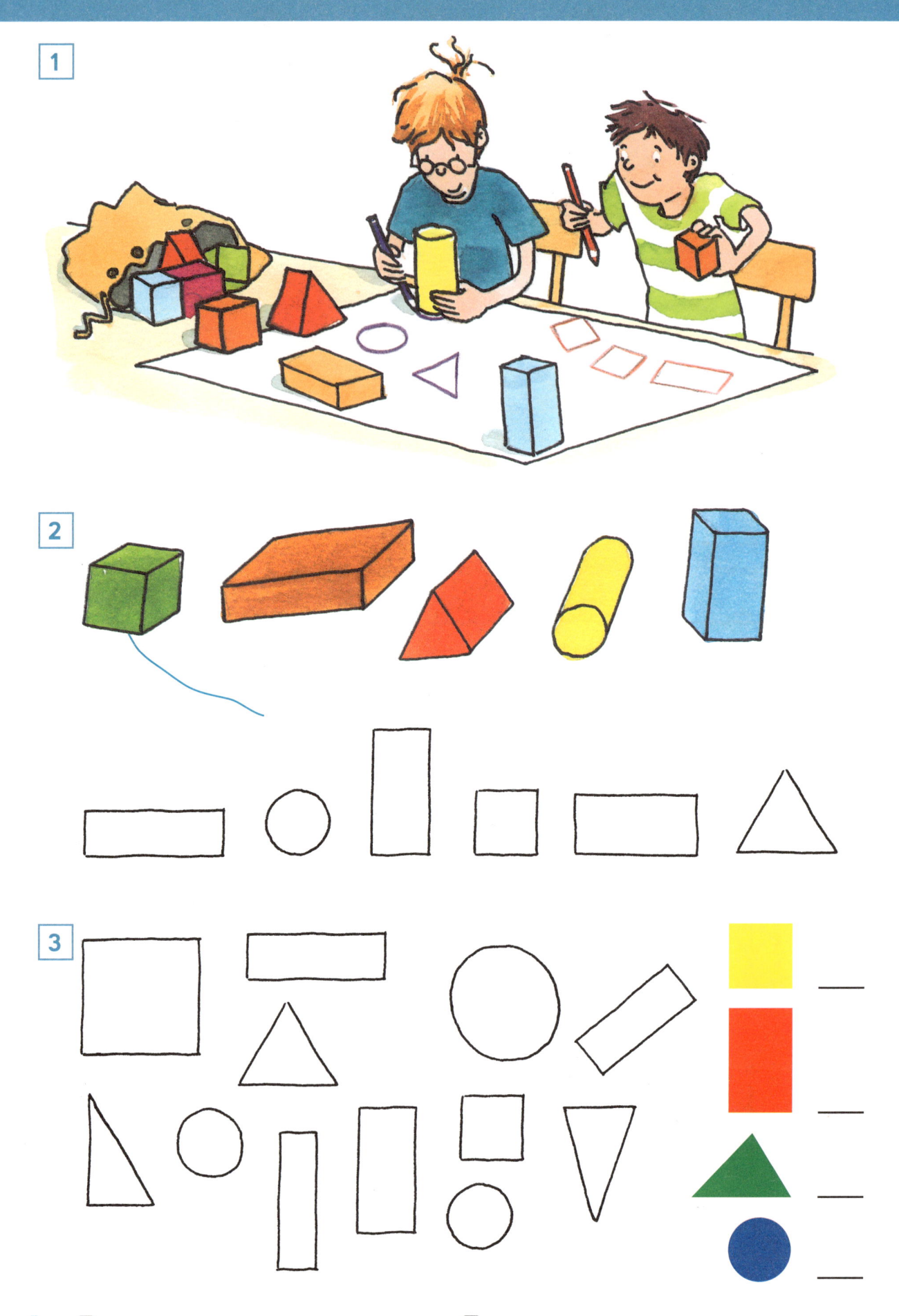

1

2

3

1 Mit Hilfe von Körpern als Schablone Flächen zeichnen. **2** Körper mit Flächen verbinden.
3 Flächen färben und zählen.

48

1

2

3

Vierecke   Dreieck   Kreis

Rechtecke

Quadrat

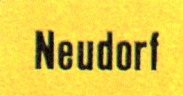

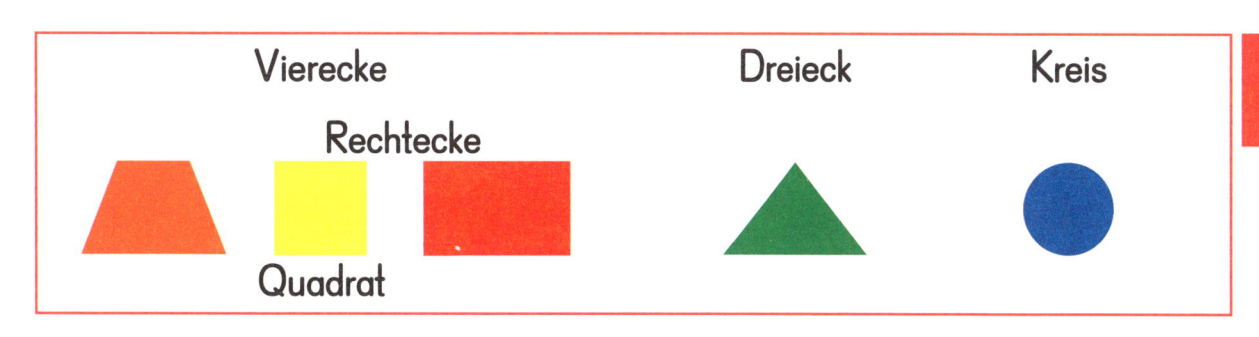

1 Vierecke, Dreiecke und Kreise entdecken. 2 Form angeben.
3 Form erkennen und mit der passenden Farbe aus dem Merkkasten ankreuzen.

49

Formen und Muster

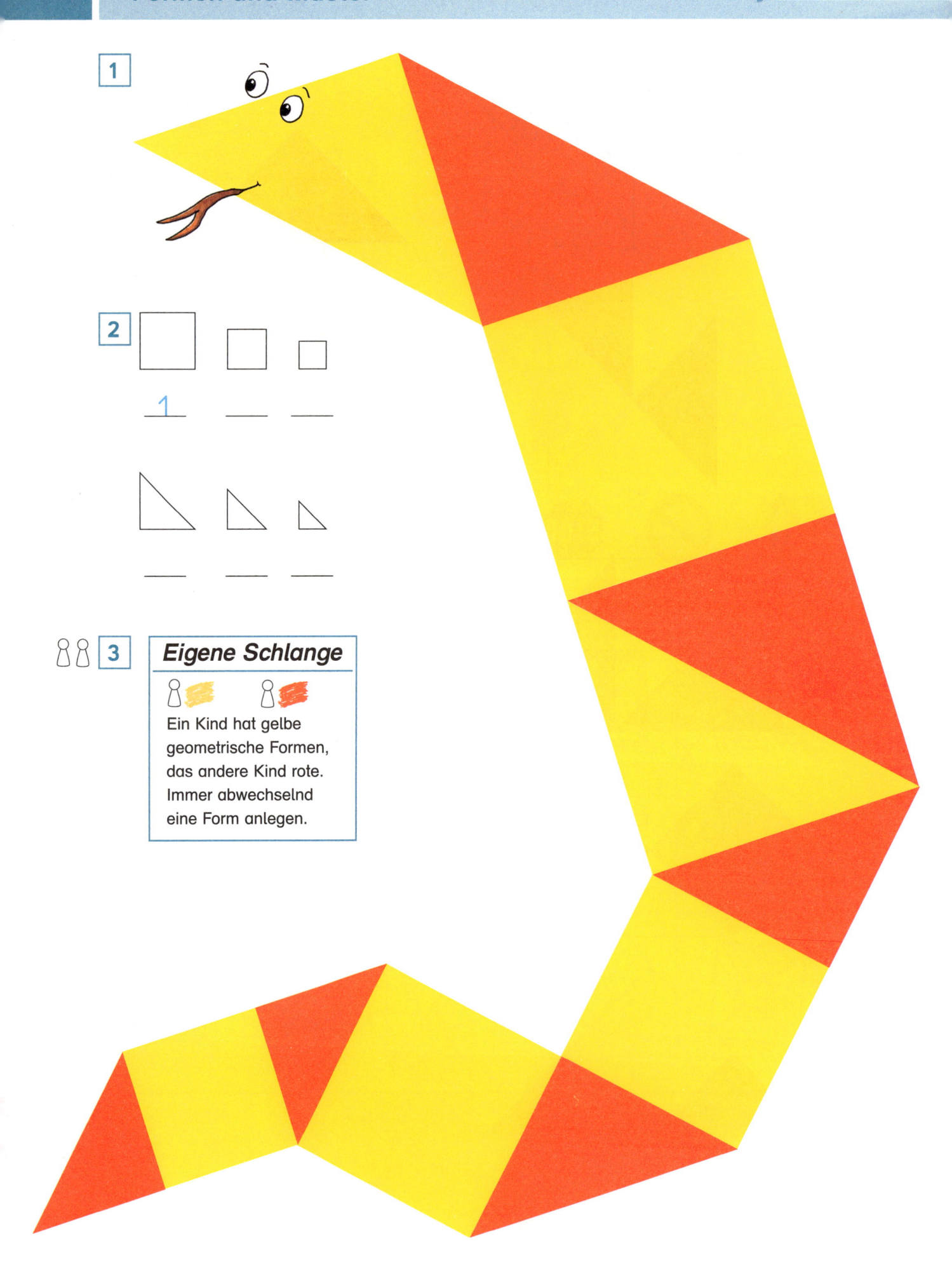

1

2

3 **Eigene Schlange**

Ein Kind hat gelbe geometrische Formen, das andere Kind rote. Immer abwechselnd eine Form anlegen.

____1____

1 Schlange mit Formen auslegen. 2 Anzahl der Formen in der Schlange bestimmen.

Schönes Muster.

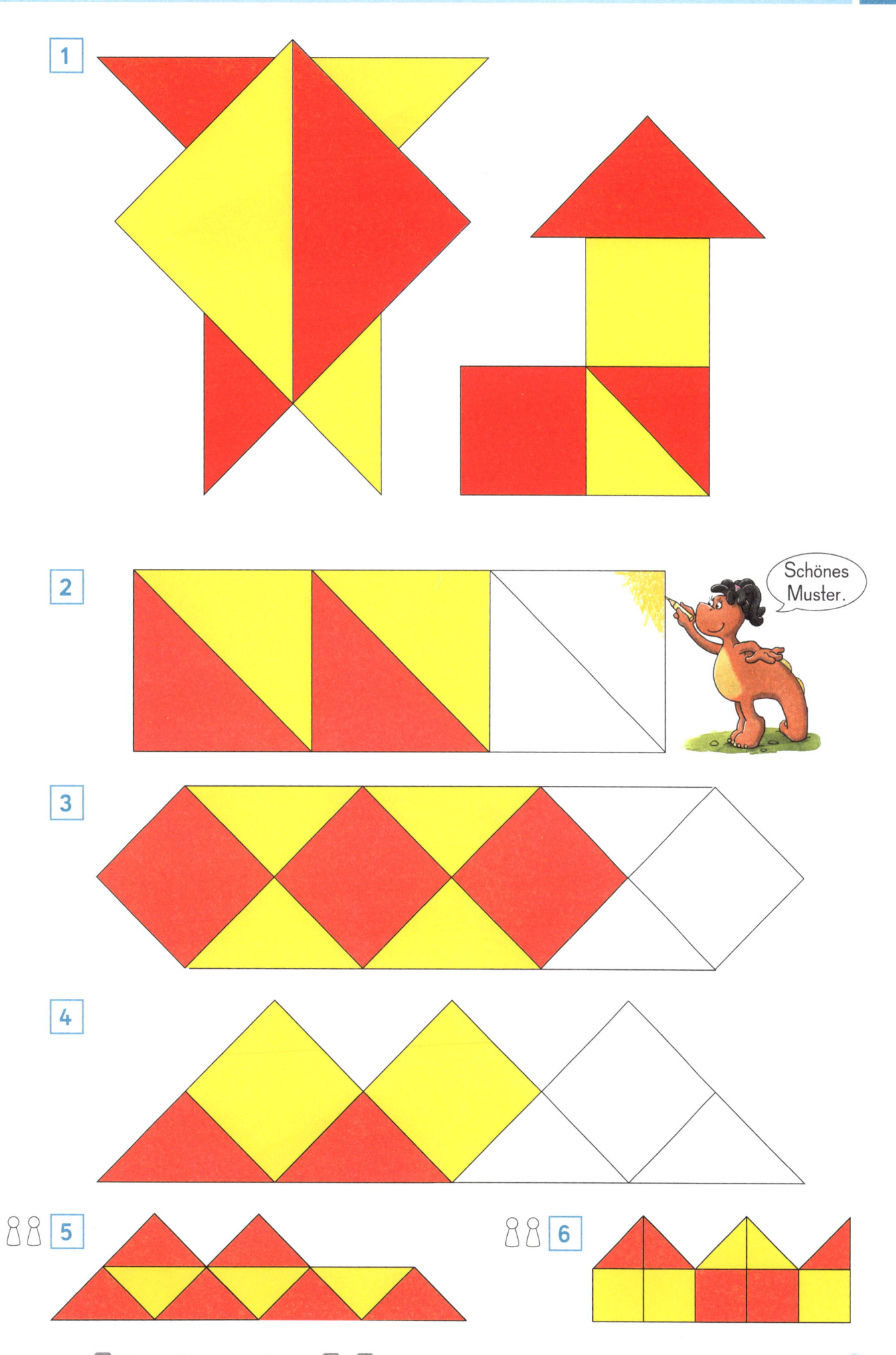

1 Figuren mit Formen nachlegen. 2 – 4 Erst nachlegen, dann ausmalen.
5 – 6 Ein Kind legt nach, das andere legt weiter.

51

Auslegen

1

zusammen ___

2

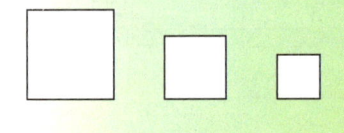

zusammen ___

3 4 + 3 = ___	**4** 8 + 2 = ___	**5** 6 − 3 = ___	**6** 5 − 3 = ___
7 + 2 = ___	5 + 4 = ___	9 − 4 = ___	8 − 4 = ___
6 + 4 = ___	4 + 2 = ___	8 − 2 = ___	7 − 2 = ___
5 + 3 = ___	6 + 3 = ___	10 − 5 = ___	5 − 5 = ___

1 – 2 Häuser unterschiedlich auslegen. Anzahl der Formen aufschreiben. Es sind mehrere Lösungen möglich.

Falten, Schneiden und Freihandzeichnen

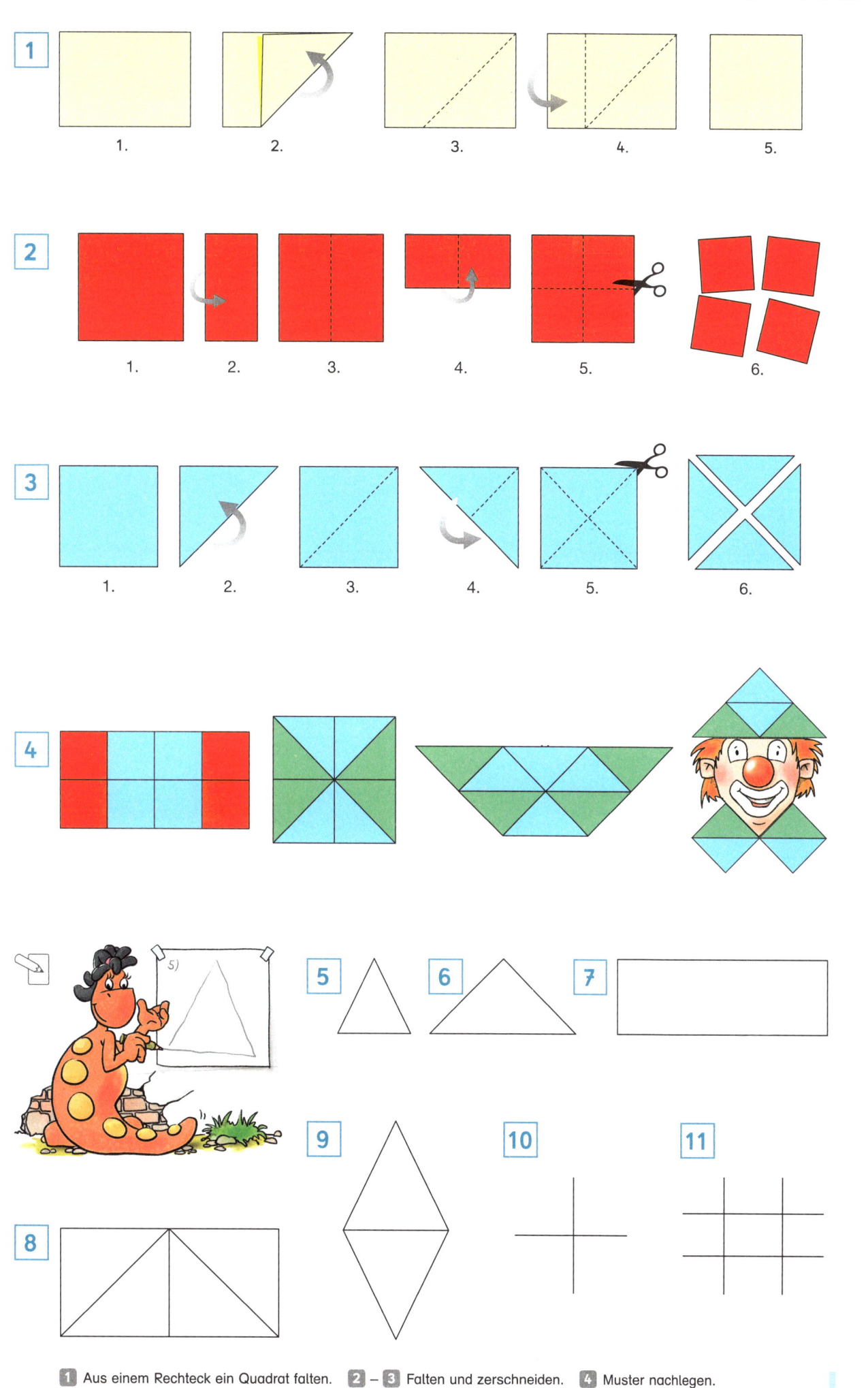

1 Aus einem Rechteck ein Quadrat falten. **2** – **3** Falten und zerschneiden. **4** Muster nachlegen.
5 – **11** Figuren aus freier Hand in das Heft zeichnen.
Nach dieser Seite empfiehlt sich Diagnosetest D9.

53

Addieren und Subtrahieren

Vorwärts am Rechenstrich

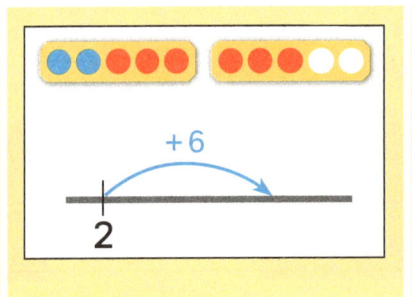

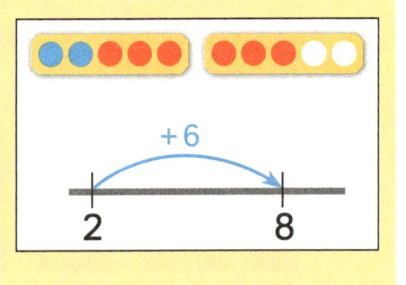

2   2 + 6   2 + 6 = 8

1
6 + 3 = ___   5 + 3 = ___   4 + 5 = ___

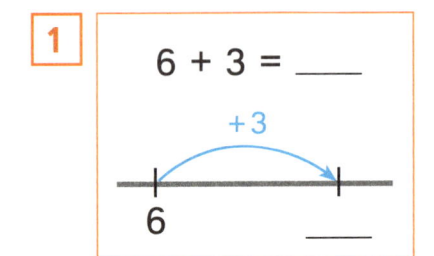

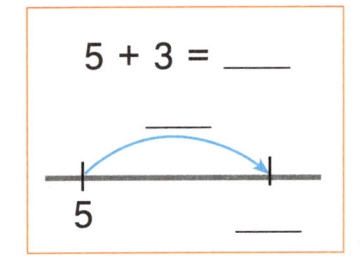

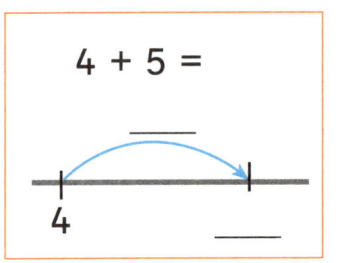

2 2 + 4 = ___   7 + 2 = ___   1 + 8 = ___   6 + 4 = ___
3 + 7 = ___   4 + 4 = ___   5 + 4 = ___   4 + 3 = ___

Rückwärts am Rechenstrich

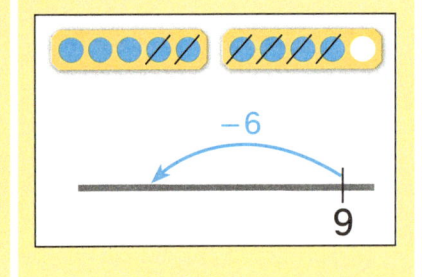

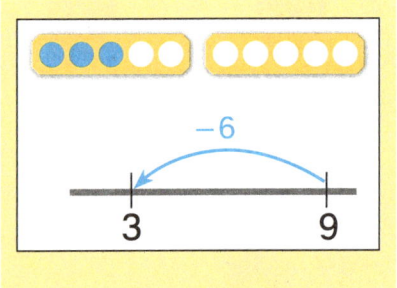

9   9 − 6   9 − 6 = 3

3
6 − 3 = ___   5 − 3 = ___   9 − 2 = ___

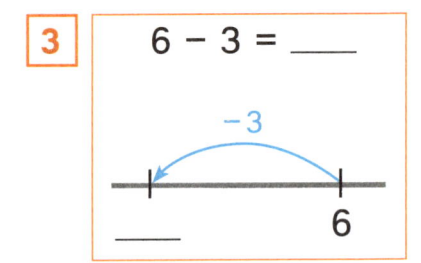

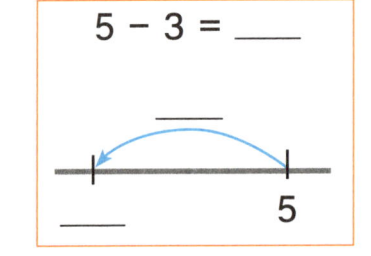

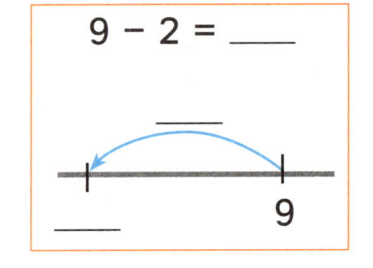

4 8 − 3 = ___   7 − 2 = ___   8 − 7 = ___   7 − 4 = ___
10 − 7 = ___   6 − 4 = ___   9 − 5 = ___   8 − 6 = ___

Aufgabe und Umkehraufgabe

Aufgabe
2 + 3 = ___

Umkehraufgabe
5 − 3 = ___

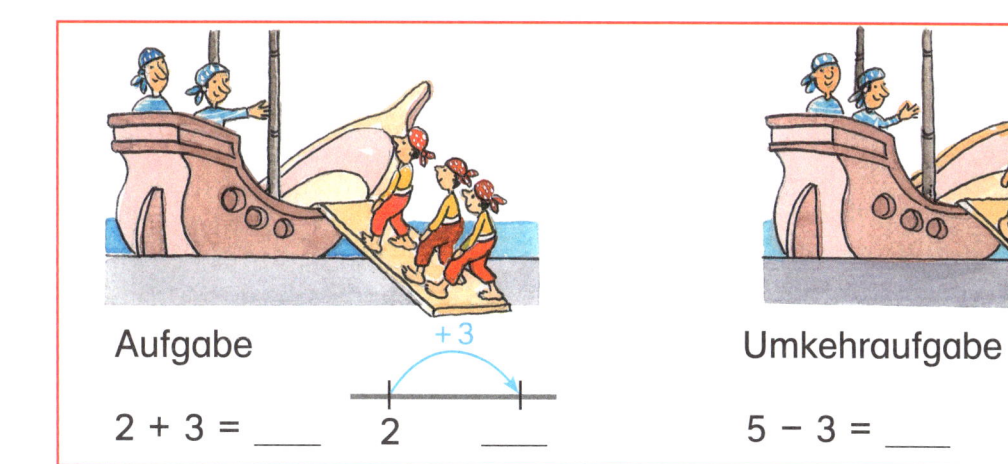

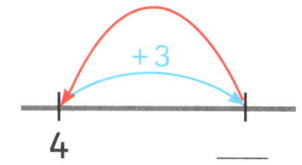

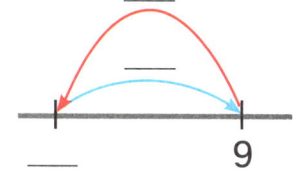

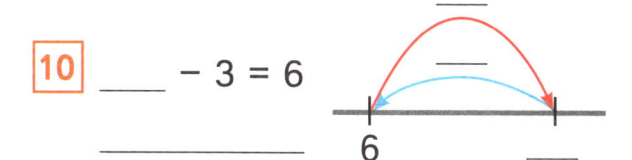

1. 5 + 3 = ___
   8 − 3 = ___

2. 4 + 2 = ___
   6 − 2 = ___

3. 6 + 2 = ___
   8 − 2 = ___

4. 4 + 3 = ___

5. ___ + 3 = 9
   9 − 3 = ___

6. ___ + 7 = 9
   9 − 7 = ___

7. ___ + 2 = 7

8. ___ + 4 = 6

9. ___ − 3 = 4

10. ___ − 3 = 6

11. ___ − 2 = 7

12. ___ − 4 = 4

5 + 3 = 8   und   8 − 3 = 5 sind Umkehraufgaben.

55

Verwandte Aufgaben: Pluminchen und Plumino

Pluminchen

1
4 3
7

4 + 3 = ___
3 + 4 = ___
7 − 3 = ___
7 − 4 = ___

Drei Zahlen im Kopf,
vier Aufgaben im Bauch:
zwei Additionsaufgaben,
zwei Subtraktionsaufgaben.

Plumino

2
6 4
10

6 + 4 = ___

3
1 3
4

4
7 2
9

5
4 0
4

6
7 3
10

7
5 4
9

Pluminchen und Plumino: Aufgabe und Tauschaufgabe, dazu die Umkehraufgaben.

| 1 | 6 3 | | 2 | 3 5 | | 3 | 2 3 |

| 4 | 3 / 7 | | 5 | 6 / 8 | | 6 | |

| 7 | 4 4 | | 8 | 3 3 | | 9 | |

6 Eigenen Plumino erfinden.   9 Eigenes Pluminchen erfinden.
Nach dieser Seite empfiehlt sich Diagnoselest D10.

Tabellen

2

	und	aus	ut
H	Hund		
M			

3

	olle	and	ind
W			
R			

4

+	3	4	2
4	7	8	
6			

4 + 2

5

+	6	1	5
3			
4			

6

+	3	5	6
2			
4			

7

+	7	5	6
3			
2			

8

+			
3			
0			

9

−	1	3	2
7	6	4	
9			

10

−	5	3	0
10			
5			

11

−			
9			
10			

1 Passenden Hut und Brille oder Hut und Augenklappe malen. **2** – **3** Wörter passend zusammensetzen.
8, **11** Eigene Aufgaben: Selbst Zahlen einsetzen und rechnen.

Grundaufgaben der Addition: Die 1 + 1-Tafel

1

+	0	1	2	3	4	5	6	7	8	9	10
0	0 + 0	0 + 1	0 + 2	0 + 3	0 + 4	0 + 5					0 + 10
1	1 + 0	1 + 1	1 + 2	1 + 3	1 + 4				1 + 8		
2	2 + 0	2 + 1	2 + 2	2 + 3		2 + 5					
3	3 + 0	3 + 1	3 + 2								
4	4 + 0	4 + 1									
5	5 + 0										
6					6 + 4						
7			7 + 2								
8											
9											
10											

Diese Grundaufgaben musst du auswendig können.

2

+	6	7	8
1	7		
2			

3

+	2	3	4
5			
6			

4

+	4	5	6
3			
4			

__ + 5 = 6

5

+	5	6	7
		6	
2			

6

+	0	1	2
			9
8			

7

+	3	6
1		
4		9

8

+		3	0
7			
5	7		

9

+	2		4
4		5	
		7	

1 In die 1 + 1-Tafel alle Additionsaufgaben schreiben.
2 – **9** Tabelle ausrechnen.

Geld

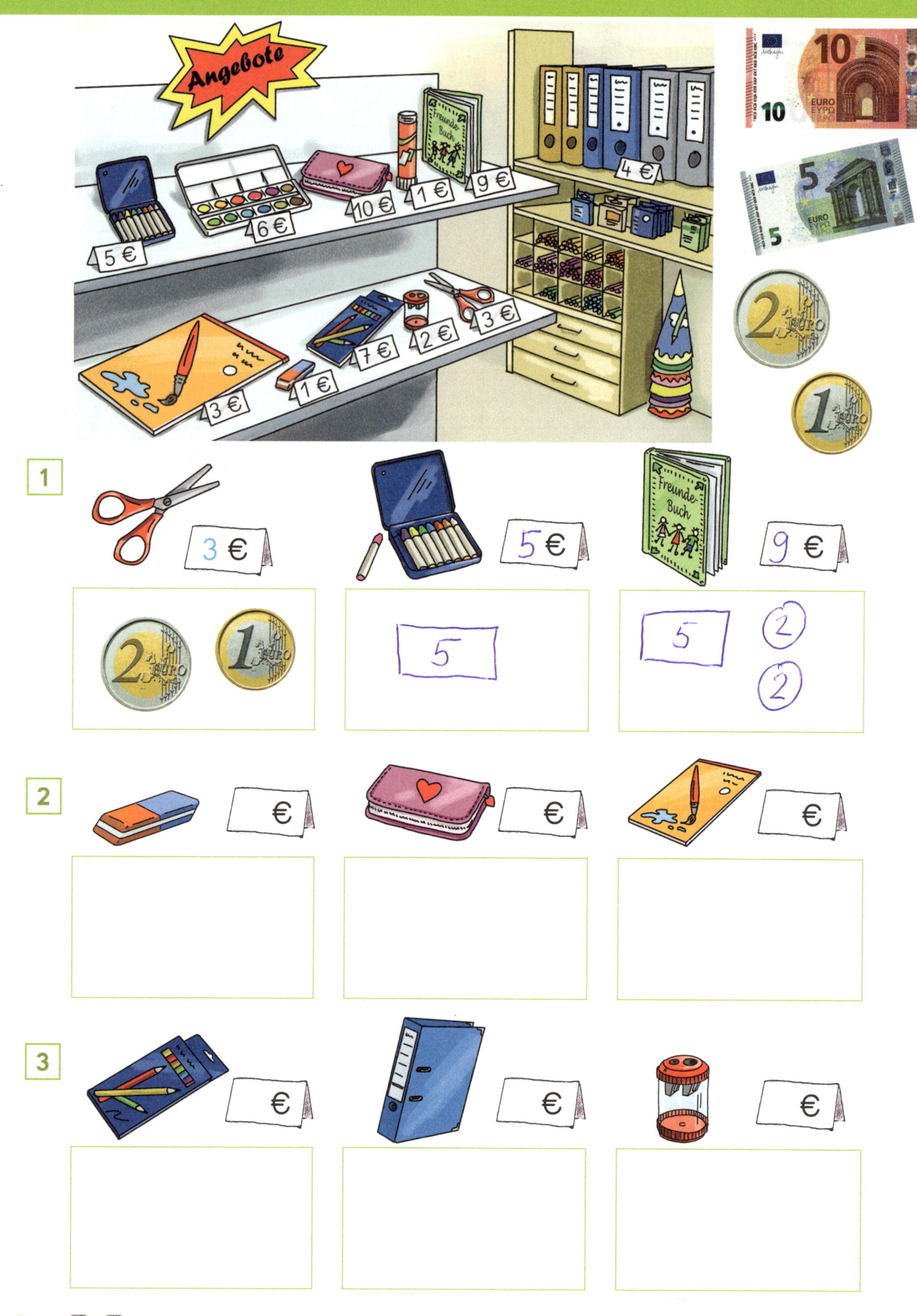

1 – 3 Rechengeschichten zum Einkaufen erzählen. Preis eintragen, Münzen und Scheine legen und zeichnen.

60

Ein Preis – verschiedene Möglichkeiten

1

5 €

② ② ①

① ① ① ① ①

2

___ €

3

___ €

4

___ €

5

___ €

2 – 5 Preis eintragen. Verschiedene Möglichkeiten für den Preis legen und zeichnen.

Flohmarkt

1   6 €   2 €   Zusammen ____ €.

2   € ... €   Zusammen ____ €.

3

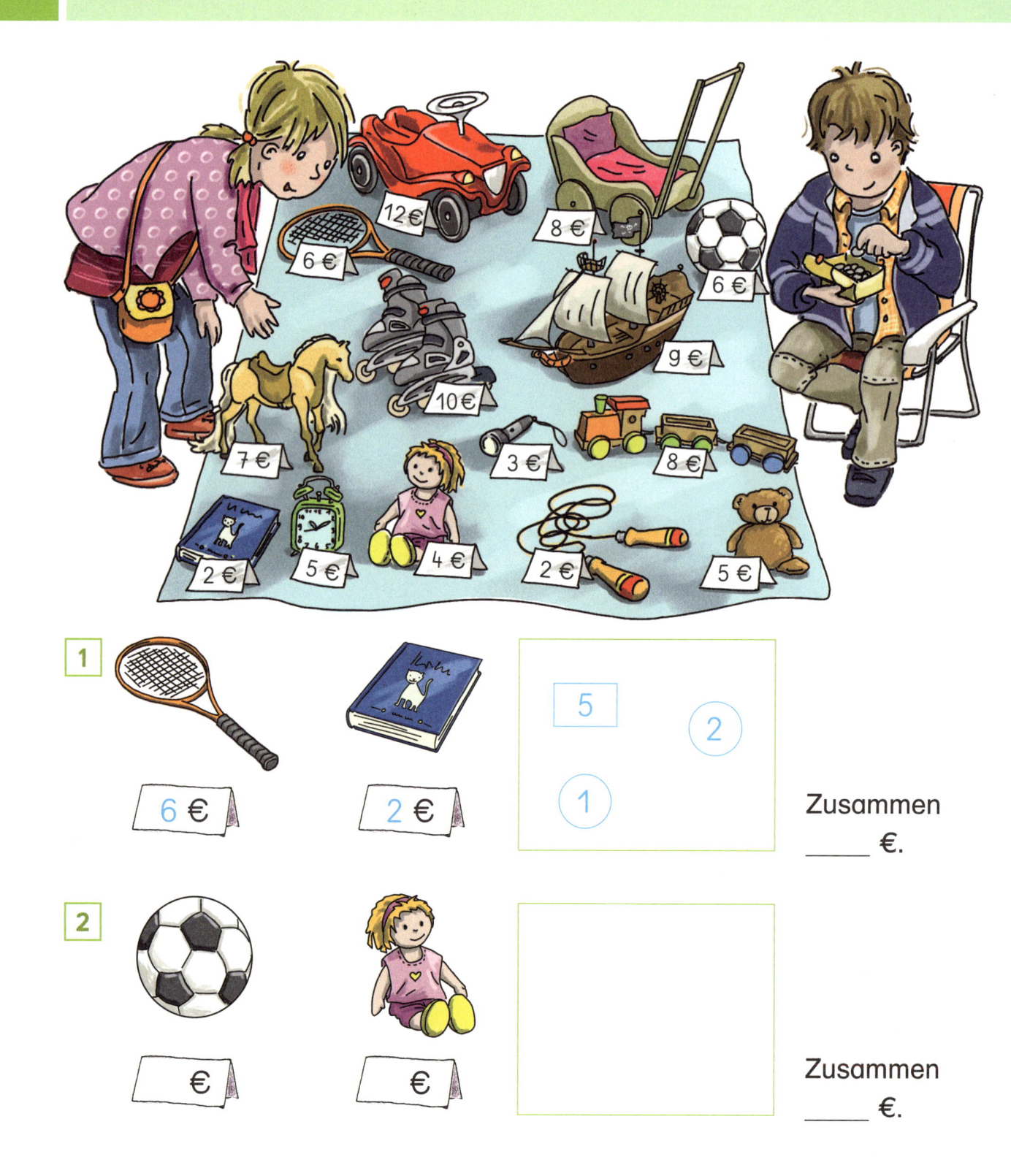

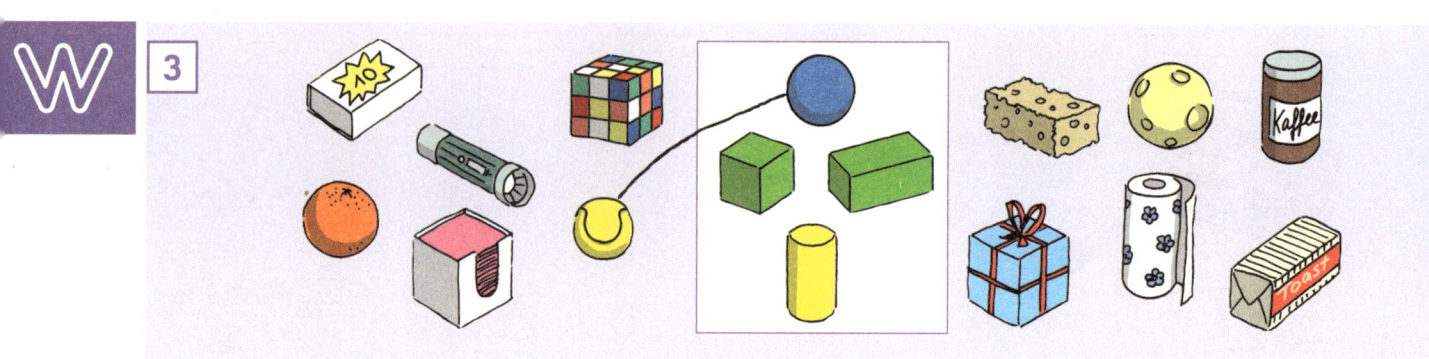

1 – 2 Preise eintragen, legen und zeichnen. Gesamtpreis ermitteln und eintragen.
3 Gegenstände den Körpern zuordnen und verbinden.

1 € € Zusammen ____ €.

2 € € Zusammen ____ €.

3 € € Zusammen ____ €.

4 € € Zusammen ____ €.

5 € € Zusammen ____ €.

6 € € Zusammen ____ €.

1 – **6** Preise eintragen, legen und zeichnen. Gesamtpreis ermitteln und eintragen.
Nach dieser Seite empfiehlt sich Diagnosetest D11.

Rechenolympiade: Das hast du gerade gelernt

1

Es waren ___.___

Es waren ___.___

Es waren ___.___

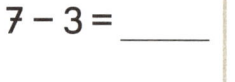

2
8 − 3 = ___
7 − 1 = ___
9 − 5 = ___

8 − 5 = ___
7 − 6 = ___
9 − 7 = ___

3
5 − 4 = ___
9 − 0 = ___
6 − 3 = ___

10 − 7 = ___
10 − 9 = ___
10 − 4 = ___

4
7 − 5 = ___
7 − 4 = ___
7 − 3 = ___

6 − 4 = ___
6 − 3 = ___
6 − 2 = ___

5 Wie heißen die Formen? Verbinde.

Kreis

Quadrat

Dreieck

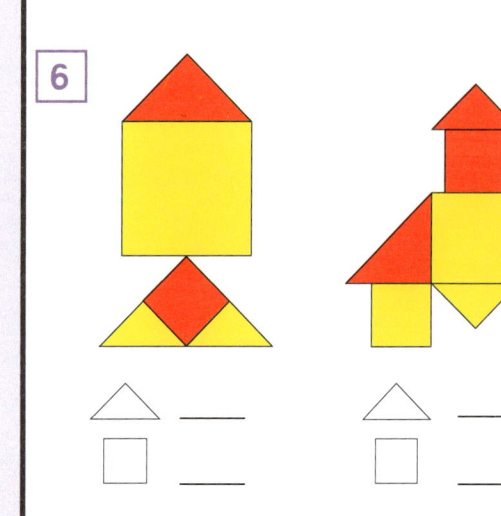

6

△ ___
□ ___

△ ___
□ ___

7 Aufgabe und Umkehraufgabe

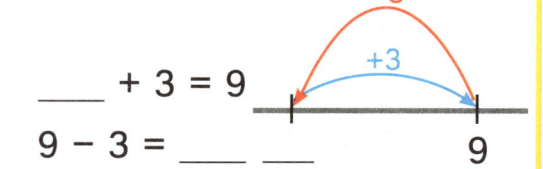

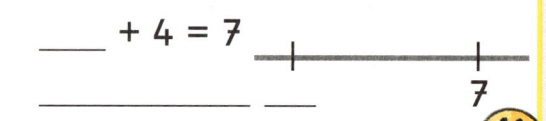

6 + 2 = ___
8 − 2 = ___   6 ___

−3 +3
___ + 3 = 9
9 − 3 = ___ ___   9

___ + 4 = 7
___ ___   7

1 Subtraktionsgeschichten schreiben. **4** Aufgabenfolgen fortsetzen. **6** Anzahl der Formen eintragen.
Diese Rechenolympiade befindet sich als Kopiervorlage im Lehrermaterial.

Rechenolympiade: Kannst du das noch?

1 < , > oder = . Setze ein.

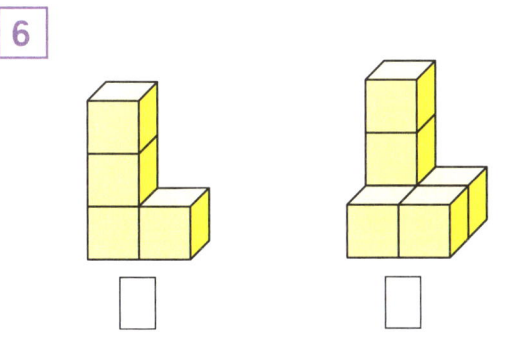

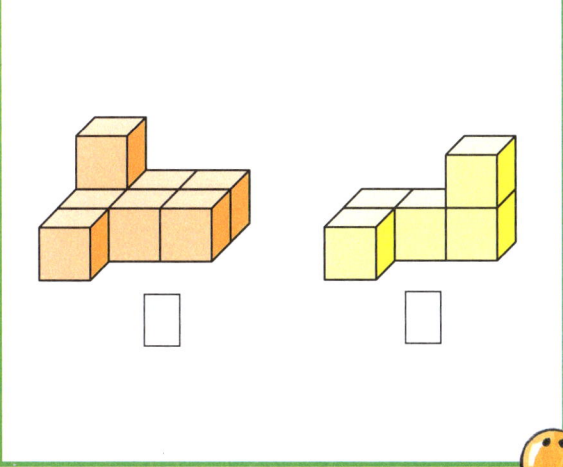

___ ___   ___ ___   ___ ___

2 < , > oder = . Setze ein.

5 ◯ 10	8 ◯ 8	2 ◯ 0	6 ◯ 10	10 ◯ 9
8 ◯ 4	7 ◯ 9	4 ◯ 10	9 ◯ 8	4 ◯ 5

3
1 + 9 = ___   2 + 7 = ___   4 + 6 = ___   5 + 1 = ___
9 + 1 = ___   7 + 2 = ___

4
3 + 7 = ___   1 + 4 = ___
8 + 0 = ___   6 + 2 = ___
4 + 4 = ___   0 + 9 = ___
3 + 6 = ___   5 + 5 = ___

5
2 + 3 = ___
2 + 4 = ___
2 + 5 = ___
_____

3 + 3 = ___
3 + 4 = ___
3 + 5 = ___
_____

6

7 9, 4

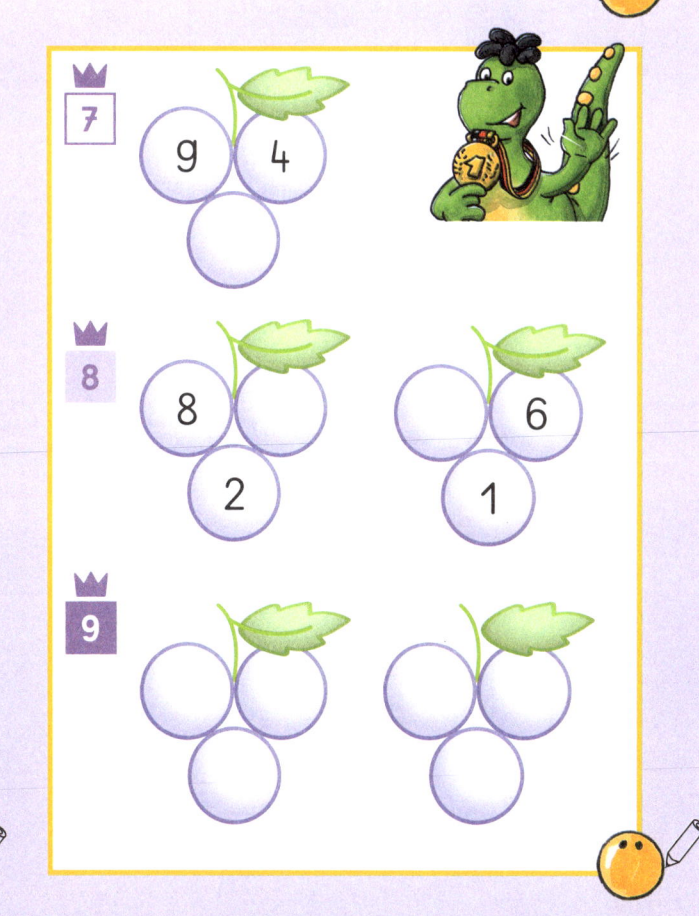

8 8, 2 ; 6, 1

9

---

3 Aufgabe und Tauschaufgabe lösen. **5** Aufgabenfolgen fortsetzen. Gesetzmäßigkeiten entdecken.
6 Anzahl der Würfel eintragen. **7** – **8** Minustrauben. **9** Eigene Minustrauben erfinden.

Zahlen bis 20

1

| 11 | 12 | 13 | 14 | 15 |

2

Zehner	Einer
1	
10 +	

Zehner	Einer

3

Zehner	Einer

Zehner	Einer

4

Zehner	Einer

Zehner	Einer

5

Zehner	Einer

Zehner	Einer

2 – 5 Immer zehn Plättchen zusammenfassen, dann Zehner, Einer und Gesamtzahl eintragen.

1

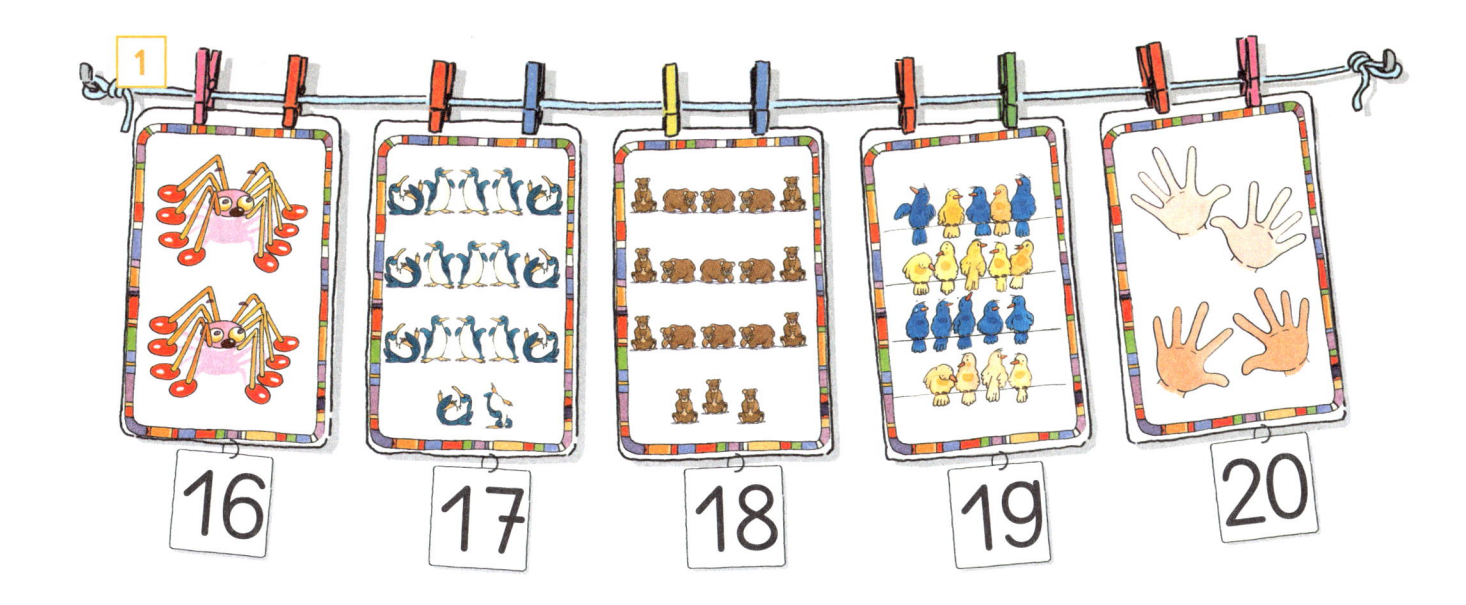

| 16 | 17 | 18 | 19 | 20 |

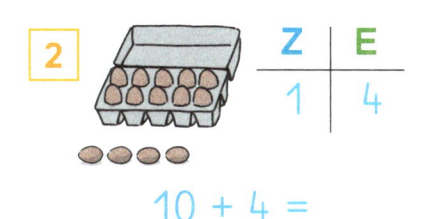

2 Z | E
   1 | 4
10 + 4 = ____

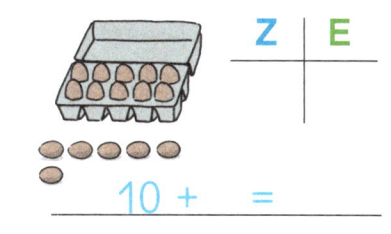

   Z | E
10 + __ = ____

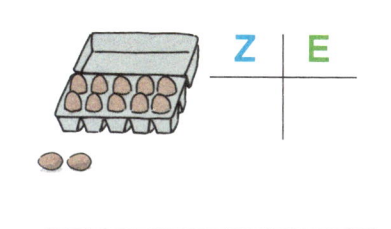

   Z | E
_____

3 Z | E
_____

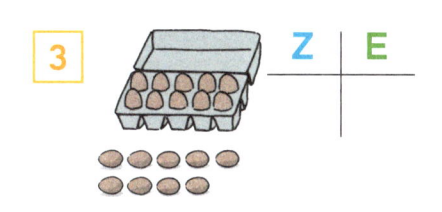

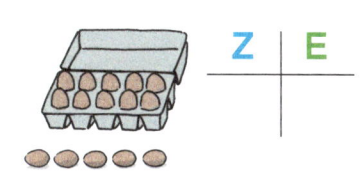

   Z | E
_____

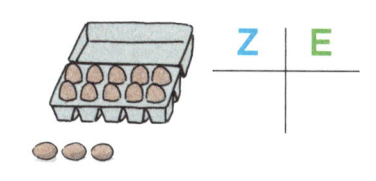

   Z | E
_____

4 Z | E
10 + 6 = ____

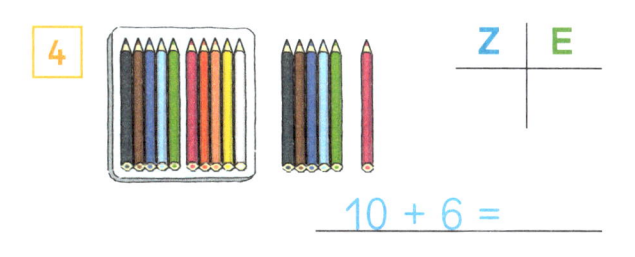

   Z | E
10 + ____

5 Z | E
_____

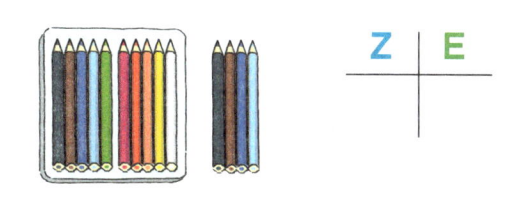

   Z | E
_____

6
10 + 3 = ___   10 + 1 = ___   10 + 0 = ___   10 + 5 = ___
10 + 7 = ___   10 + 8 = ___   10 + 4 = ___   10 + 6 = ___

2 – 5 Zehner und Einer eintragen, dann Additionsaufgabe schreiben.

Zahlen bis 20: Immer eins mehr

1

2

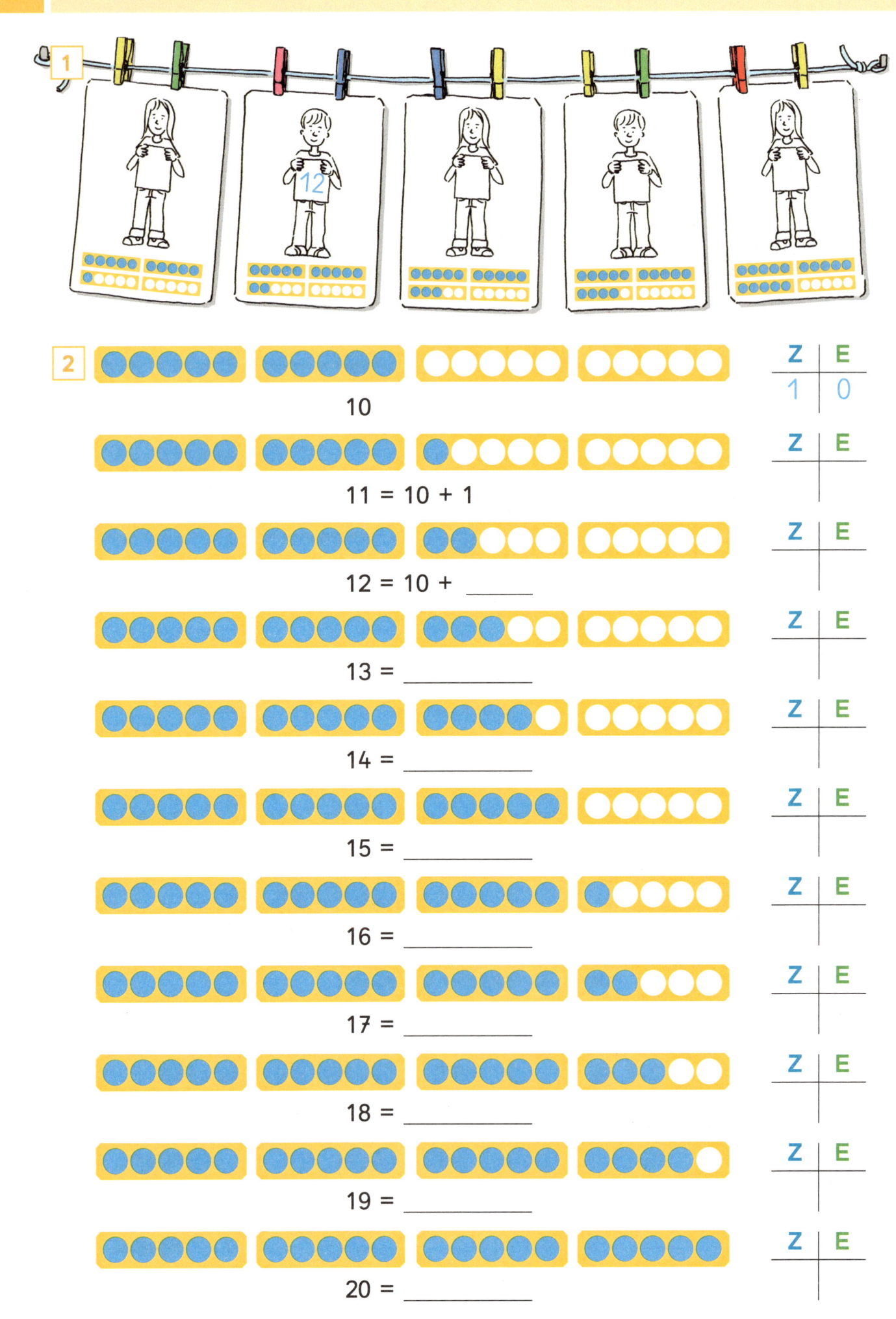

10 | Z | E
   | 1 | 0

11 = 10 + 1 | Z | E

12 = 10 + ___ | Z | E

13 = ___ | Z | E

14 = ___ | Z | E

15 = ___ | Z | E

16 = ___ | Z | E

17 = ___ | Z | E

18 = ___ | Z | E

19 = ___ | Z | E

20 = ___ | Z | E

1 Fehlende Zahlen eintragen. **2** Die Zahlen von 11 bis 20 aus Zehnern und Einern bilden. Zahlen in Stellentafel eintragen, Zerlegungen bilden.

Zerlegen im Zahlenraum bis 20

1 Fehlende Zahlen eintragen.

2 12
10 + 2

3

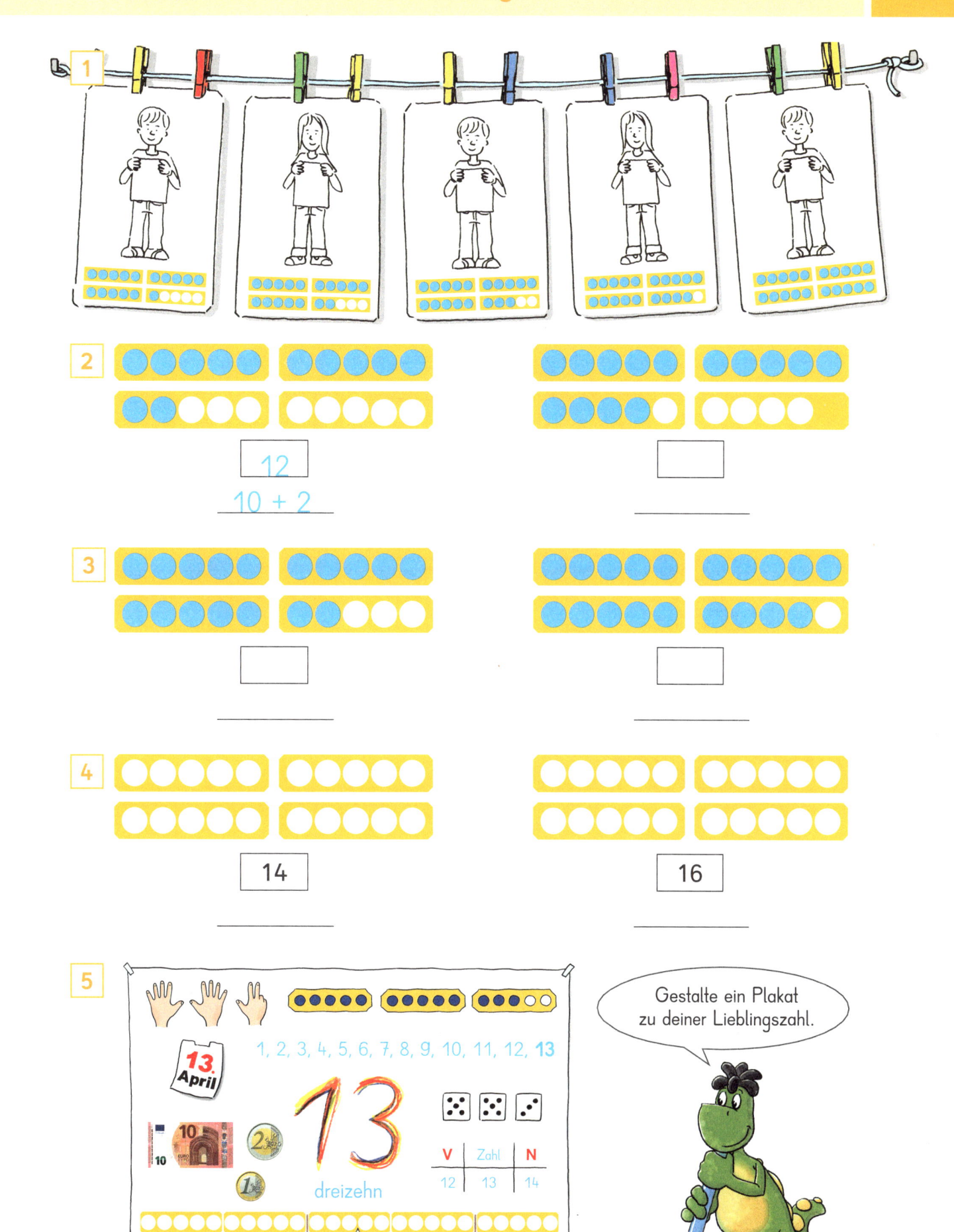

4 14   16

5 Gestalte ein Plakat zu deiner Lieblingszahl.

13. April
dreizehn
1, 2, 3, 4, 5, 6, 7, 8, 9, 10, 11, 12, 13

V	Zahl	N
12	13	14

1 Fehlende Zahlen eintragen. **2** – **3** Zahl und Zerlegung eintragen. **4** Plättchen malen. Zerlegung eintragen.
5 Zahlenplakat zur Lieblingszahl erstellen.

Zahlentreppen

70

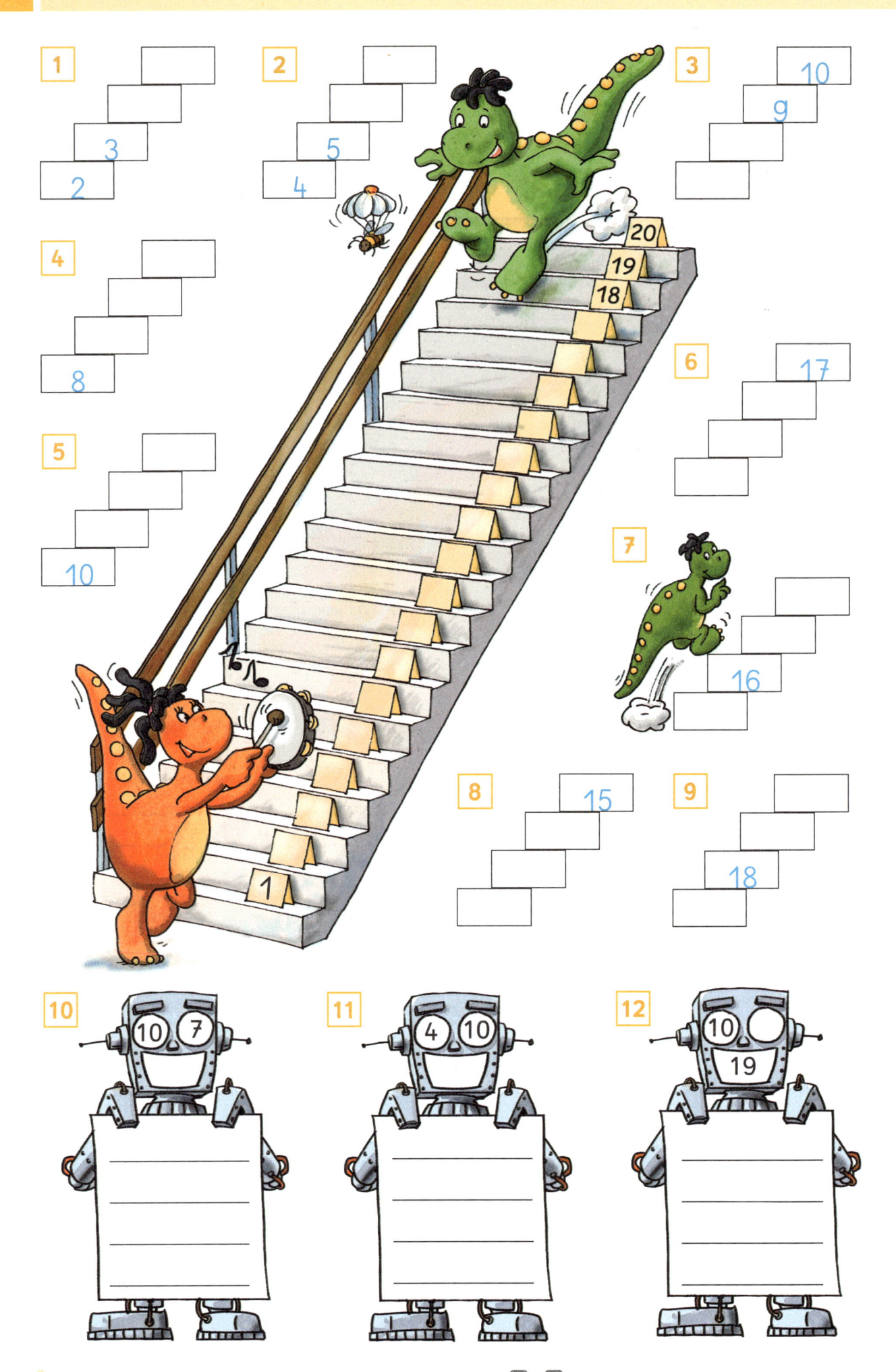

Eine Anzahl von Tönen schlagen, danach treppauf, treppab gehen.   1 – 9 Fehlende Zahlen eintragen.

Vorgänger und Nachfolger

1 | 7 | 8 | □ | □ | □ ┊ | 9 | 10 | □ | □ | □ |

2 | 11 | □ | □ | □ | 15 ┊ | 16 | 17 | □ | □ | □ |

3 | □ | 16 | 17 | □ | □ ┊ | □ | □ | 20 | 21 | □ |

4 Ich stehe zwischen ___ und ___.

Vorgänger Zahl Nachfolger

5 | □ | 6 | □ ┊ □ | 17 | □ ┊ □ | 19 | □ |
V   Zahl   N   V   Zahl   N   V   Zahl   N

6
V	Zahl	N
	7	
	9	
	11	

7
V	Zahl	N
	10	
	14	
	13	

8
V	Zahl	N
		19
	8	
14		

9
V	Zahl	N
	6	
15		
		21

10 Ordne: 9, 2, 4, 3, 7, 6, 0
0, _____

Ordne: 15, 7, 19, 18, 8, 2
2, _____

1 – **9** Fehlende Zahlen eintragen. **10** Zahlen ordnen.

71

Zahlenstrahl

1 – 3 Wo stehen die Ballons? Zahlen eintragen. **4** Alle Zahlen zwischen … und … aufschreiben.

Die Zahlen zwischen 8 und 15: 9, 10,
Die Zahlen zwischen 6 und 13: 7, 8,
Die Zahlen zwischen 12 und 19: 13,

5 Zähle vorwärts: 2, 4, 6, …   3, 5, 7, …   6, 9, 12, …
Nun rückwärts: 9, 7, …   17, 15, …   18, 15, …

Nach dieser Seite empfiehlt sich Diagnosetest D12.

Zahlen vergleichen im Zahlenraum bis 20

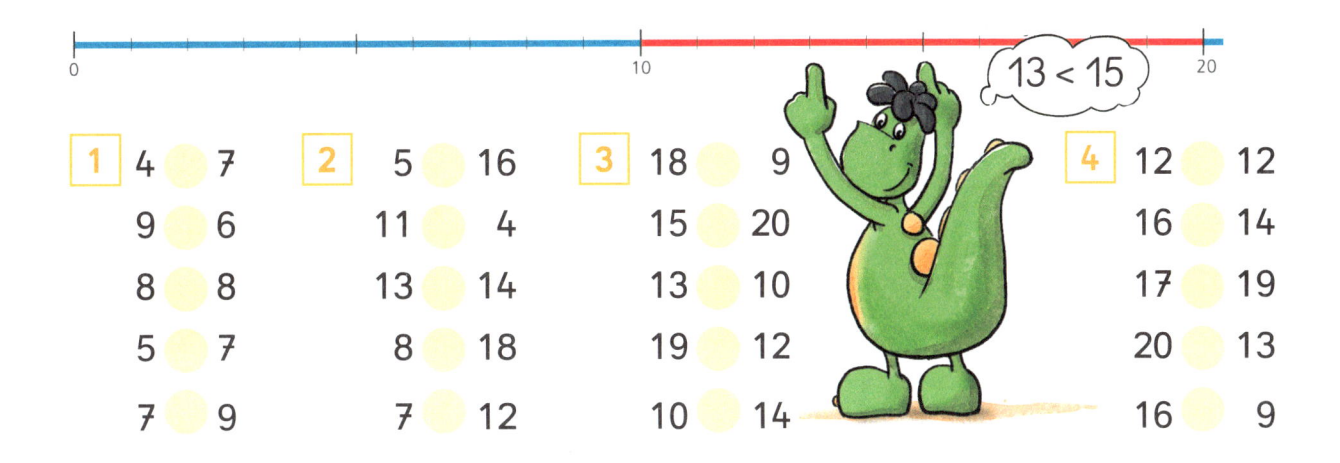

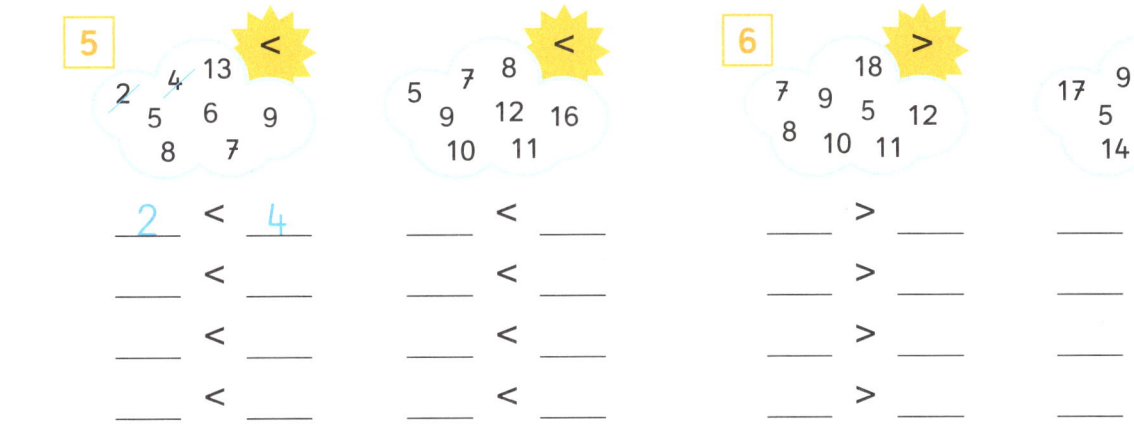

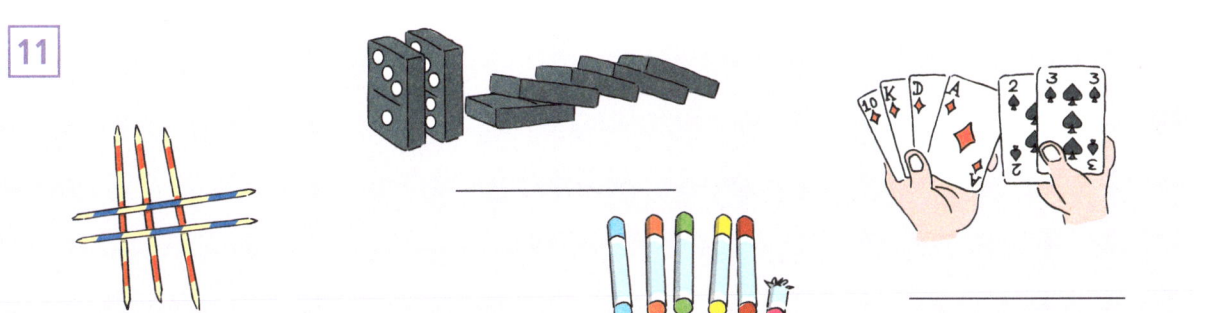

13 < 15

1
4 ○ 7
9 ○ 6
8 ○ 8
5 ○ 7
7 ○ 9

2
5 ○ 16
11 ○ 4
13 ○ 14
8 ○ 18
7 ○ 12

3
18 ○ 9
15 ○ 20
13 ○ 10
19 ○ 12
10 ○ 14

4
12 ○ 12
16 ○ 14
17 ○ 19
20 ○ 13
16 ○ 9

5
2 4 13
5 6 9
8 7

<

2 < 4
___ < ___
___ < ___
___ < ___

7 8
5 12 16
9 10 11

<

___ < ___
___ < ___
___ < ___
___ < ___

6
18
7 9 12
8 10 11

>

___ > ___
___ > ___
___ > ___
___ > ___

9 11
17 10 7
5 14 20

>

___ > ___
___ > ___
___ > ___
___ > ___

7 11 < ☐   15 10 19 9 12 21 3

8 7 > ☐   7 9 2 12 0 10 4

9 11 16 9 3 20 13 1   ☐ < 13

10 7 18 13 2 14 8 10   ☐ > 8

11

_____   _____   _____

1 – 4 Zahlen am Zahlenstrahl vergleichen. <, > oder = einsetzen. 5 – 6 Je zwei Zahlen wählen (durchstreichen) und passend eintragen. 7 – 10 Passende Zahlenfelder färben. 11 Additons- oder Subtraktionsaufgaben schreiben.

73

Ordnungszahlen

1

[ ] [ ] 1. [ ]

2

[ ] [ ] [ ] 1. [ ] [ ]

3

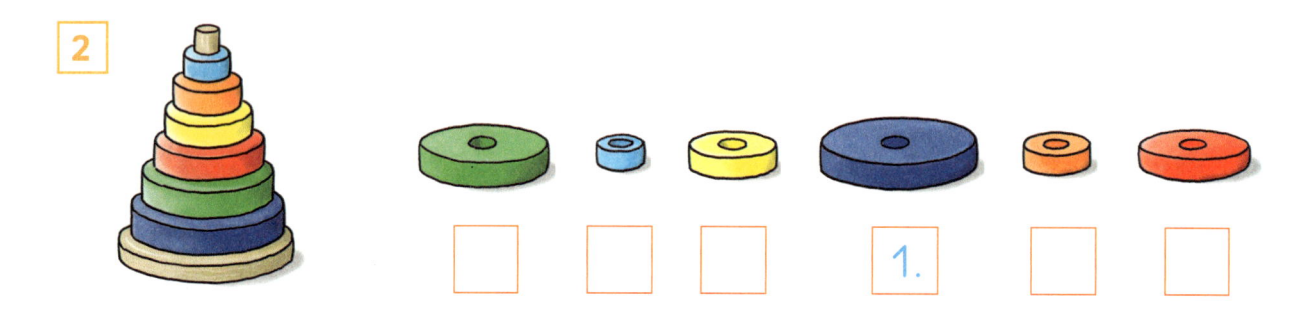

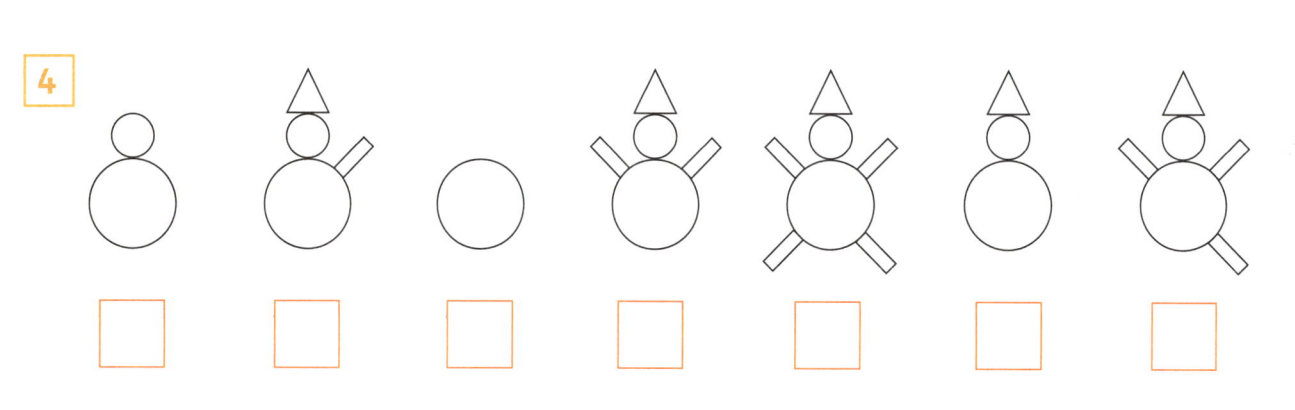

ZIEL

A B C D E

1.	C
2.	
3.	
4.	
5.	

4

[ ] [ ] [ ] [ ] [ ] [ ] [ ]

1 – 4 Reihenfolge angeben.

1

2

3

4

🖍 lila: ___1.,_____   🖍 orange: ___3.,_____
🖍 gelb: _____   🖍 grau: _____

1 – **3** Reihenfolge angeben. **4** Ordnungszahlen eintragen.
Nach dieser Seite empfiehlt sich Diagnosetest D13.

75

Addieren und Subtrahieren bis 20

Zahlen-ABC

1	2	3	4	5	6	7	8	9	10	11	12	13
A	B	C	D	E	F	G	H	I	J	K	L	M

1

19	9	14	1
S	I		

12	5	14	1

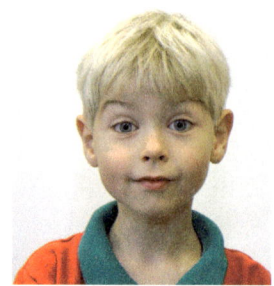

20	15	13

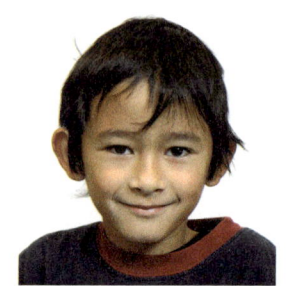

13	5	20	9	14

2

4 + 2 = ___ F
1 + 0 = ___
6 − 4 = ___
6 + 3 = ___
8 − 7 = ___
10 + 4 = ___

3

11 + 8 = ___
10 − 5 = ___
12 + 0 = ___
2 + 7 = ___
12 + 2 = ___
6 − 5 = ___

4

10 + 3 = ___
10 − 9 = ___
10 + 8 = ___
10 + 1 = ___
20 + 1 = ___
20 − 1 = ___

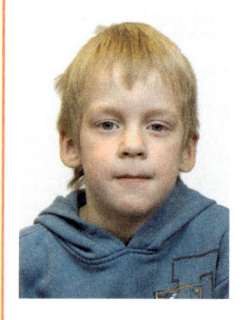

1 – 4 Rechnen, zum Ergebnis den Buchstaben im Zahlen-ABC suchen und eintragen. Namen des Kindes unter das Bild schreiben.

Zahlen-ABC

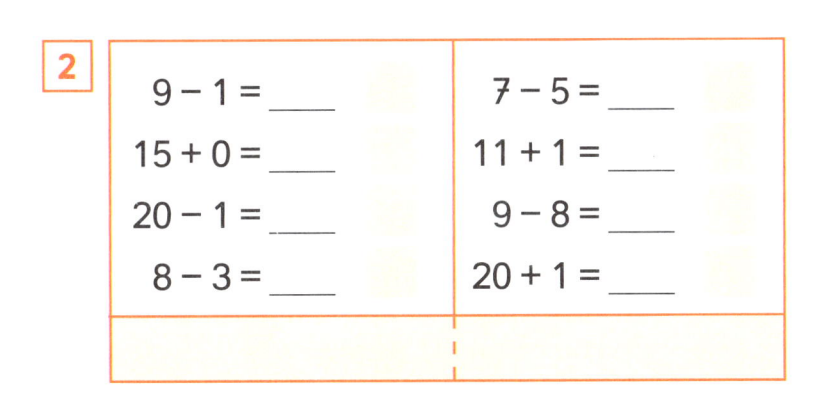

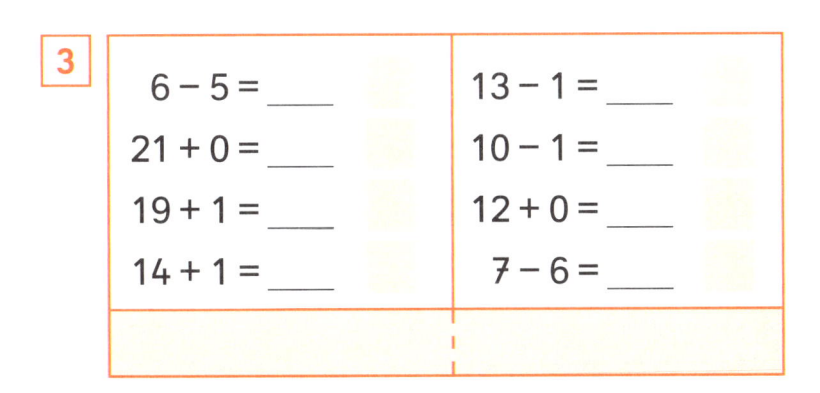

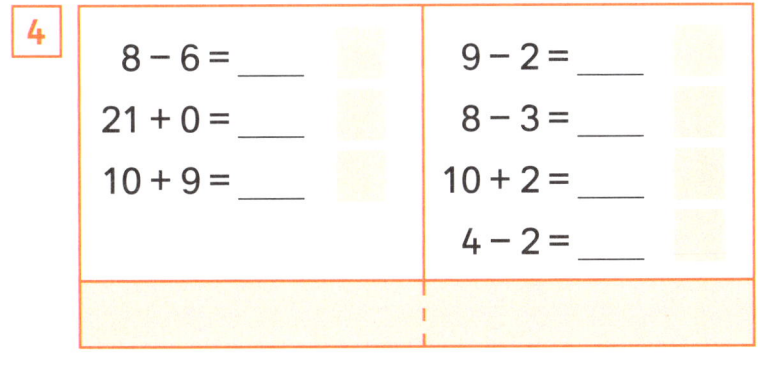

14	15	16	17	18	19	20	21	22	23	24	25	26
N	O	P	Q	R	S	T	U	V	W	X	Y	Z

1
6 − 4 = ___ B
4 − 3 = ___
10 + 2 = ___
11 + 1 = ___

17 + 1 = ___
16 − 1 = ___
11 + 9 = ___

2
9 − 1 = ___
15 + 0 = ___
20 − 1 = ___
8 − 3 = ___

7 − 5 = ___
11 + 1 = ___
9 − 8 = ___
20 + 1 = ___

3
6 − 5 = ___
21 + 0 = ___
19 + 1 = ___
14 + 1 = ___

13 − 1 = ___
10 − 1 = ___
12 + 0 = ___
7 − 6 = ___

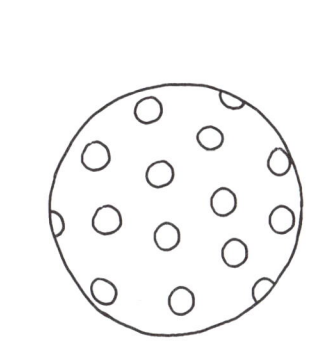

4
8 − 6 = ___
21 + 0 = ___
10 + 9 = ___

9 − 2 = ___
8 − 3 = ___
10 + 2 = ___
4 − 2 = ___

1 – 4 Rechnen, zum Ergebnis im Zahlen-ABC den Buchstaben suchen und eintragen. Den Gegenstand und die Farbe schreiben, den Gegenstand entsprechend färben.

77

Addieren: Grundaufgaben übertragen

1

Ich rechne zuerst die Grundaufgabe.

15 + 3 = ___
5 + 3 = 8

2
| 14 + 3 = ___ | 15 + 2 = ___ | 16 + 3 = ___ | 14 + 4 = ___ |
| 4 + 3 = 7 | 5 + 2 = ___ | 6 + 3 = ___ | 4 + 4 = ___ |

3
| 12 + 6 = ___ | 13 + 5 = ___ | 11 + 8 = ___ | 12 + 7 = ___ |
| 2 + 6 = ___ | | | |

4
| 14 + 4 = ___ | 11 + 9 = ___ | 17 + 2 = ___ | 16 + 2 = ___ |

5
16 + 3	18 + 2	12 + 3	13 + 5	11 + 0
11 + 4	13 + 4	12 + 7	12 + 4	12 + 8
19 + 0	14 + 5	12 + 4	11 + 3	13 + 6

6

Summanden kann man vertauschen.
Ich rechne 12 + 3.

3 + 12 =

3 + 12 = ___	6 + 12 = ___
12 + 3 = ___	12 + 6 = ___
4 + 16 = ___	2 + 17 = ___
16 + 4 = ___	

7
| 2 + 15 = ___ | 1 + 19 = ___ | 5 + 14 = ___ | 3 + 16 = ___ |

8
| 8 + 11 = ___ | 1 + 18 = ___ | 4 + 12 = ___ | 5 + 11 = ___ |

1 – **5** Grundaufgaben übertragen.   **6** – **8** Mit Hilfe der Tauschaufgabe lösen.

Subtrahieren: Grundaufgaben übertragen

1 16 − 4 = ___
6 − 4 = 2

"Ich rechne zuerst die Grundaufgabe."

2 14 − 3 = ___   16 − 3 = ___   15 − 4 = ___   17 − 2 = ___
4 − 3 = _1_   6 − 3 = ___   5 − 4 = ___   7 − 2 = ___

3 18 − 6 = ___   18 − 5 = ___   19 − 5 = ___   17 − 7 = ___
_8 − 6 =_   ___   ___   ___

4 16 − 2 = ___   18 − 4 = ___   17 − 3 = ___   19 − 7 = ___
___   ___   ___   ___

5
13 − 1	14 − 3	19 − 8	18 − 6	16 − 6
19 − 4	17 − 6	20 − 4	19 − 5	20 − 7
18 − 5	20 − 6	17 − 4	20 − 5	16 − 5

6

−	4	6	3
17			
19			

−	5	2	4
	13		
			11

−	3	6	4
			12
			16

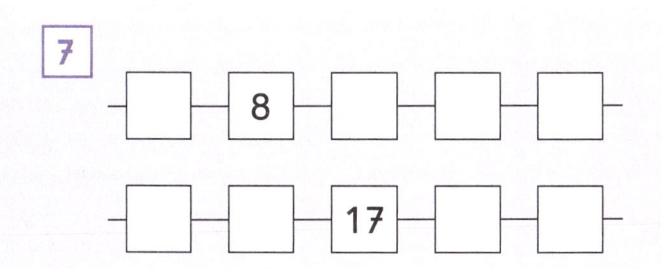

7 ☐ — 8 — ☐ — ☐ — ☐
☐ — ☐ — ☐ — 17 — ☐ — ☐

8
V	Zahl	N
	9	
	11	
	15	

V	Zahl	N
7		
		13
		20

1 – 5 Grundaufgaben übertragen.   7 – 8 Fehlende Zahlen eintragen.

Aufgabe und Umkehraufgabe

1 Aufgabe 13 + 4 = 17   13 + 4 = 17   Umkehraufgabe 17 − 4 = 13

2 Aufgabe
15 + 3 = ___

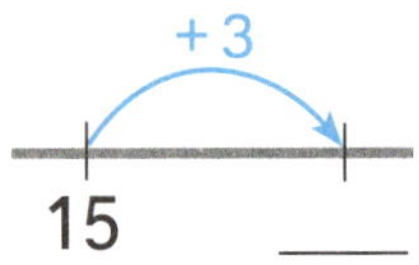

Umkehraufgabe
18 − 3 = ___

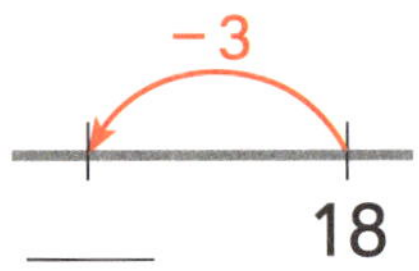

3 Aufgabe
19 − 5 = ___

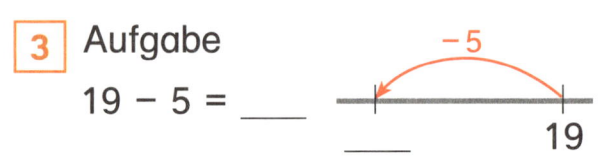

Umkehraufgabe
14 + 5 = ___

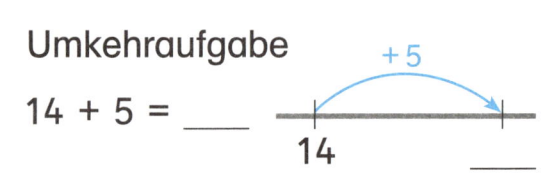

4   ___ + 4 = 18

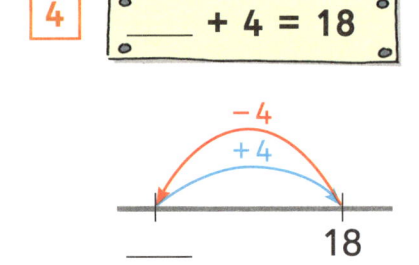

___ + 3 = 17
___ + 3 = 19
___ + 3 = 16
___ + 3 = 13
___ + 3 = 18

___ + 4 = 16
___ + 2 = 15
___ + 5 = 19
___ + 7 = 19
___ + 8 = 18

5   ___ − 3 = 16

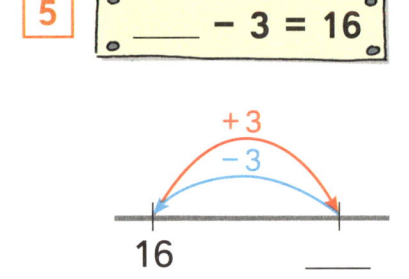

___ − 5 = 14
___ − 5 = 13
___ − 5 = 15
___ − 5 = 12
___ − 5 = 10

___ − 4 = 12
___ − 3 = 17
___ − 6 = 14
___ − 2 = 17
___ − 7 = 11

6
___ + 5 = 16	___ + 1 = 18	___ − 3 = 17	___ − 4 = 15
___ + 5 = 17	___ + 3 = 18	___ − 3 = 16	___ − 5 = 14
___ + 5 = 18	___ + 5 = 18	___ − 3 = 15	___ − 6 = 13

1 – 3 Aufgaben und Umkehraufgaben am Rechenstrich darstellen und rechnen. **4 – 5** Aufgaben mit Hilfe der Umkehraufgabe am Rechenstrich oder im Kopf lösen. **6** Gesetzmäßigkeit erkennen und nutzen.
Zusätzlich: Aufgabenfolgen fortsetzen (AB II).

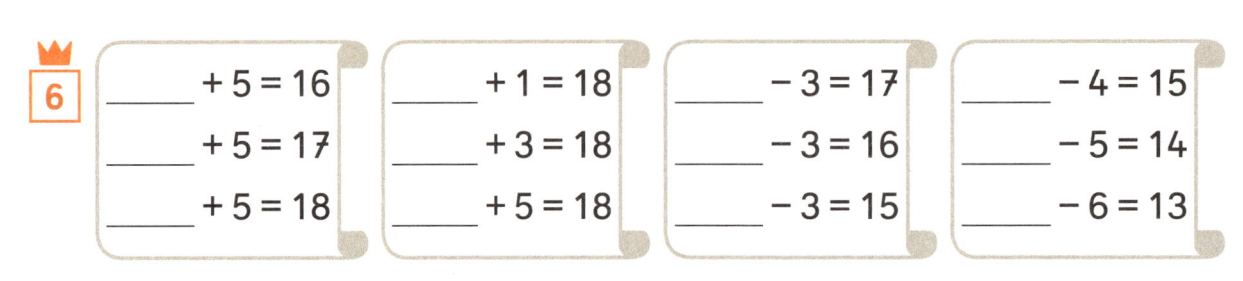

Zahlen-ABC

1	2	3	4	5	6	7	8	9	10	11	12	13	14	15	16	17	18	19	20	21	22	23	24	25	26
A	B	C	D	E	F	G	H	I	J	K	L	M	N	O	P	Q	R	S	T	U	V	W	X	Y	Z

1
17 + 1 = ___
9 − 4 = ___
25 + 1 = ___
8 − 3 = ___
18 − 2 = ___
18 + 2 = ___

2
10 + 3 = ___
10 − 5 = ___
10 − 2 = ___
10 + 2 = ___

3
9 − 7 = ___
14 − 2 = ___
7 − 2 = ___
10 − 7 = ___
2 + 6 = ___

4
19 + 1 = ___
0 + 5 = ___
7 + 2 = ___
9 − 2 = ___

5
10 + 5 = ___
10 − 4 = ___
6 − 1 = ___
12 + 2 = ___

6
8 − 6 = ___
10 + 8 = ___
17 − 2 = ___
10 + 10 = ___
1 + 4 = ___

7
13 − 1 − 1 = ___
22 − 0 − 1 = ___
13 − 3 − 7 = ___
16 − 6 − 2 = ___
13 − 3 − 5 = ___
17 − 1 − 2 = ___

1 – **7** Rechnen, zum Ergebnis im Zahlen-ABC den passenden Buchstaben suchen und Lösungswort aufschreiben.

Rechenzeichen

1 Legt Aufgaben mit den Kärtchen.

2 + oder −. Setze ein.

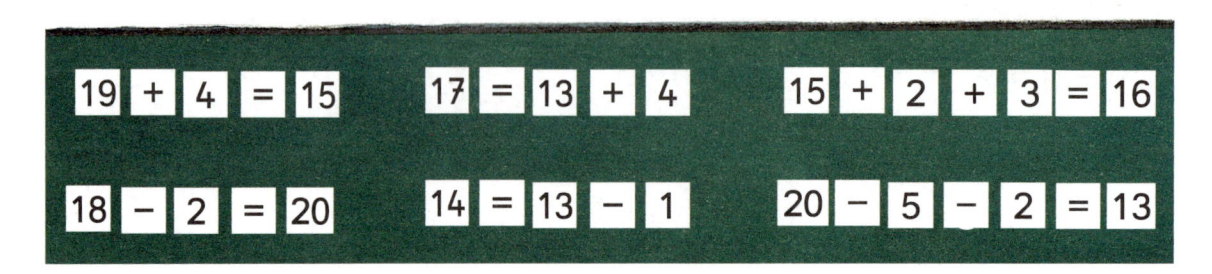

12 ◯ 5 = 17	14 ◯ 1 = 15	10 ◯ 7 = 17	10 ◯ 3 = 7
18 ◯ 3 = 15	15 ◯ 3 = 12	13 ◯ 5 = 18	10 ◯ 5 = 5
15 ◯ 4 = 19	17 ◯ 6 = 11	18 ◯ 8 = 10	18 ◯ 2 = 20
17 ◯ 2 = 15	17 ◯ 3 = 20	19 ◯ 1 = 20	19 ◯ 9 = 10

3

12 = 6 ◯ 6	13 = 17 ◯ 4	15 = 13 ◯ 2	11 = 13 ◯ 2
17 = 18 ◯ 1	16 = 12 ◯ 4	20 = 18 ◯ 2	16 = 18 ◯ 2
13 = 13 ◯ 0	14 = 19 ◯ 5	17 = 20 ◯ 3	20 = 17 ◯ 3
20 = 17 ◯ 3	18 = 12 ◯ 6	19 = 16 ◯ 3	13 = 16 ◯ 3

4

12 ◯ 3 ◯ 1 = 16	20 ◯ 4 ◯ 0 = 16	15 = 12 ◯ 2 ◯ 1
20 ◯ 4 ◯ 2 = 18	13 ◯ 7 ◯ 2 = 18	13 = 12 ◯ 7 ◯ 6
13 ◯ 5 ◯ 1 = 17	15 ◯ 0 ◯ 3 = 12	14 = 17 ◯ 6 ◯ 3
18 ◯ 2 ◯ 4 = 12	17 ◯ 1 ◯ 5 = 11	19 = 14 ◯ 2 ◯ 3

5 Kinder haben einige Rechenzeichen falsch gelegt. Schreibe die Aufgaben richtig.

19 + 4 = 15	17 = 13 + 4	15 + 2 + 3 = 16
18 − 2 = 20	14 = 13 − 1	20 − 5 − 2 = 13

2 – 4 Passende Rechenzeichen einsetzen. **5** Falsche Rechnungen erkennen. Richtige Rechenzeichen finden.

Übungen zum Subtrahieren

1 7, 2 | 10, 7 | 8, 4 | 4, 1

2 7, 4 | 5, 1 | 8, 8 | 10, 6

3 2, 4 | 3, 5 | 1, 7 | 6, 1

4 2 | 2 | 2 | 2

5
7 − ___ = 3   8 − ___ = 8   10 − ___ = 5   6 − ___ = 0
7 − ___ = 6   8 − ___ = 5   10 − ___ = 7   6 − ___ = 2
7 − ___ = 1   8 − ___ = 7   10 − ___ = 2   6 − ___ = 3

6
___ − 2 = 1   ___ − 3 = 0   ___ − 5 = 1   ___ − 6 = 0
___ − 2 = 5   ___ − 3 = 3   ___ − 5 = 3   ___ − 6 = 2
___ − 2 = 8   ___ − 3 = 5   ___ − 5 = 4   ___ − 6 = 3

7
___ − 3 = 7   ___ − 5 = 5   ___ − 2 = 6   ___ − 4 = 5
___ + 3 = 7   ___ + 5 = 5   ___ + 2 = 6   ___ + 4 = 5

4 Verschiedene Minustrauben finden.
Nach dieser Seite empfiehlt sich Diagnosetest D14.

Spiegeln

84 Mit dem Spiegel vergrößern, verkleinern. Beenden, was angefangen ist. Das Fenster schließen ...

1 Welches Spiegelbild passt? Kreuze an.

2

3

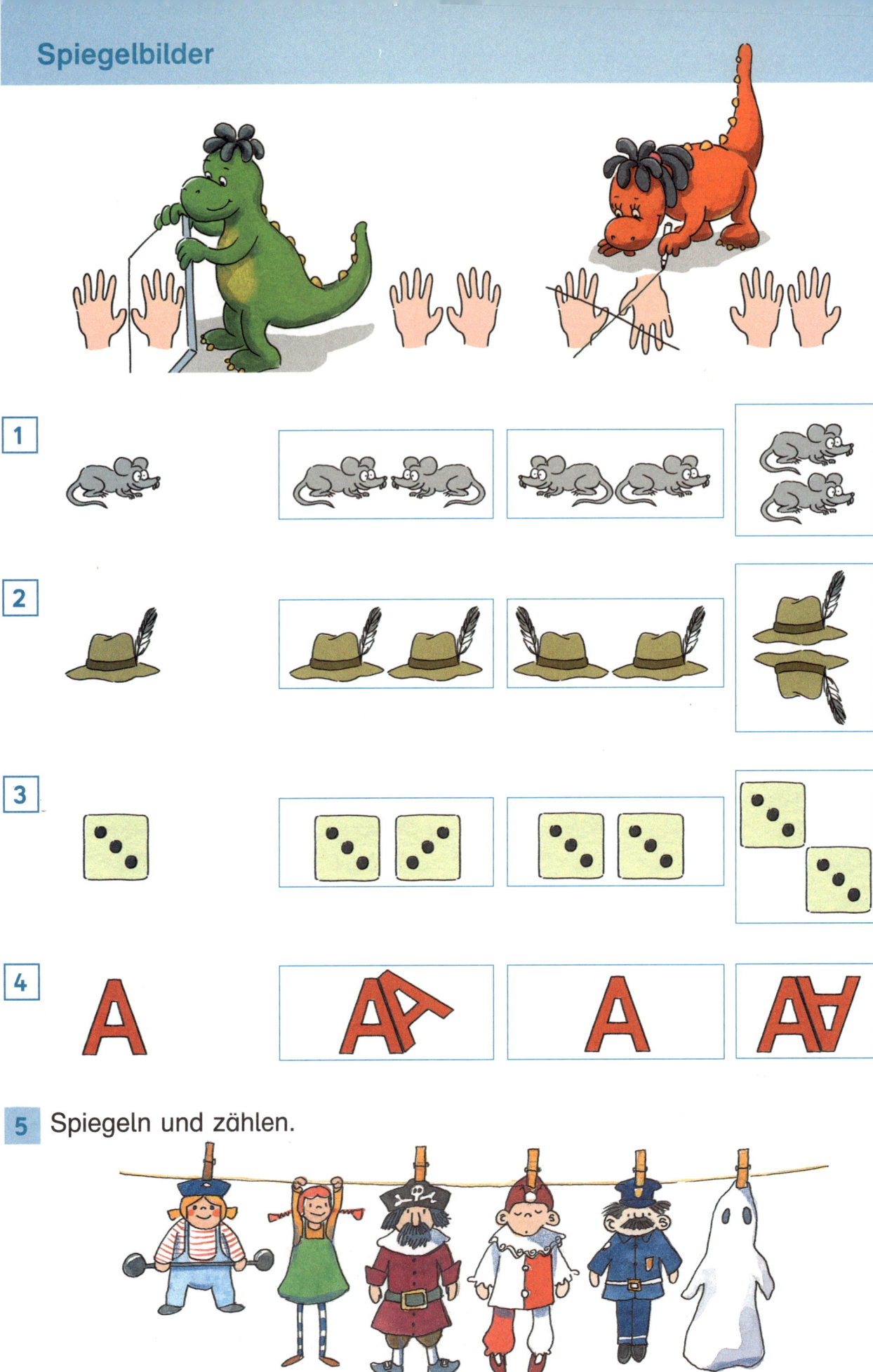

Spiegelbilder

1

2

3

4

5 Spiegeln und zählen.

10 Puppen   5 Puppen   ___ Puppen
2 Puppen   11 Puppen   ___ Puppen

1 – **4** Spiegelbilder erzeugen. Falsches Bild durchstreichen.
5 Mit dem Spiegel probieren, bis die angegebene Anzahl zu sehen ist.

Spiegeln

1 Ich sehe doppelt so viele Punkte. Der Spiegel hilft.

2

3

4

5 Ordne die Bilder nach der wirklichen Größe.

1.

1 – **4** Spiegeln und Spiegelbild malen. **5** Wahrnehmungsübung.

87

Verdoppeln und Halbieren

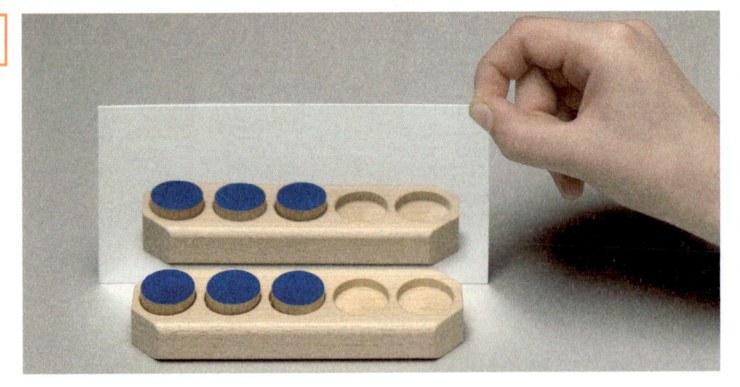

1 Das Doppelte von 3 ist 6.

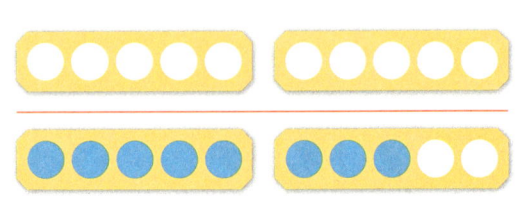

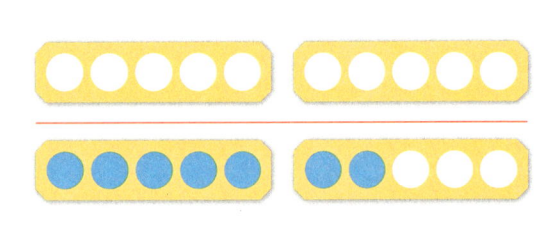

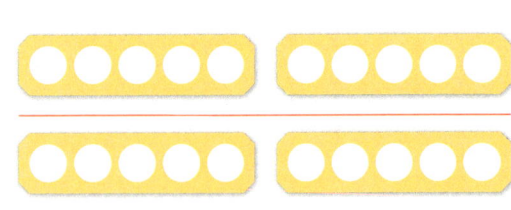

3 + 3 = ____

2 ___ + ___ = ___   ___ + ___ = ___

3 ___ + ___ = ___   ___ + ___ = ___

4 ___ + ___ = ___   ___ + ___ = ___

5
1 + 1 = ____   2 + 2 = ____   3 + 3 = ____   4 + 4 = ____
6 + 6 = ____   7 + 7 = ____   8 + 8 = ____   9 + 9 = ____
0 + 0 = ____   10 + 10 = ____ 5 + 5 = ____   ___ + ___ = ____

> Wenn ich 2 verdopple, erhalte ich 4.
> Das Doppelte von 2 ist 4.   2 + 2 = 4

Bausteine des Wissens nutzen.   **2** – **3** Spiegelbild malen. Aufgabe schreiben.
4 Eigene Aufgaben zum Verdoppeln erfinden.

Spiegelgeschichten

1 + 1 = ____
Die Henne legt ein Ei.

2 + 2 = ____
Das weiß doch jedes Tier.

3 + 3 = ____
So zaubert flink die Hex.

4 + 4 = ____
Die Affenbande lacht.

5 + 5 = ____
Die Enten finden's schön.

6 + 6 = ____
Da heulen alle Wölf.

7 + 7 = ____
Die Bären vor der Tür stehn.

8 + 8 = ____
Die Kühe müssen wegsehn.

9 + 9 = ____
Die Eulen können bei Nacht sehn.

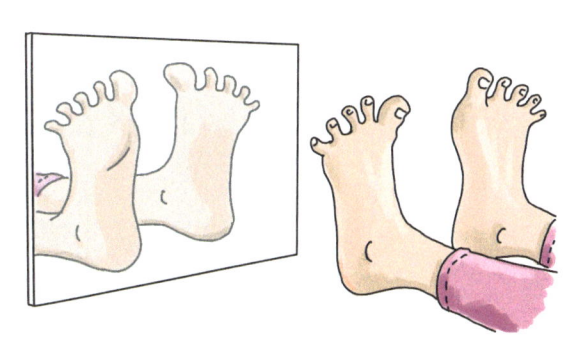

10 + 10 = ____,
sagt Tina und entspannt sich.

89

Halbieren

So viele Perlen!

Ich gebe dir immer die Hälfte ab.

Die Hälfte von 10 ist ____.

1 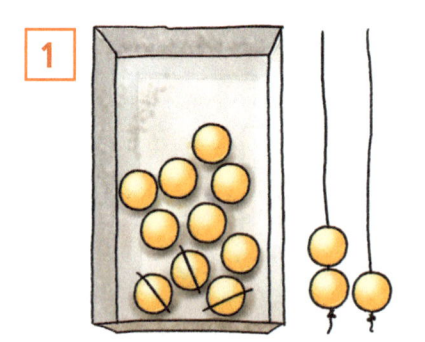 Die Hälfte von 10 ist 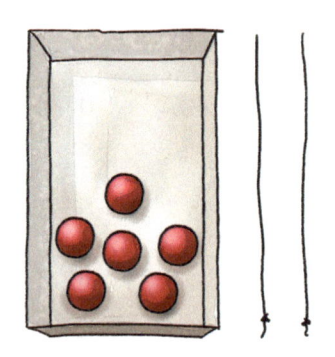 ____. Die Hälfte von 6 ist 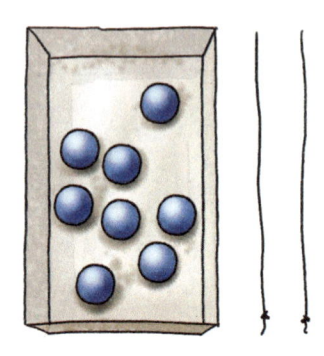 ____. Die Hälfte von 8 ist ____.

2 Die Hälfte von 12 ist 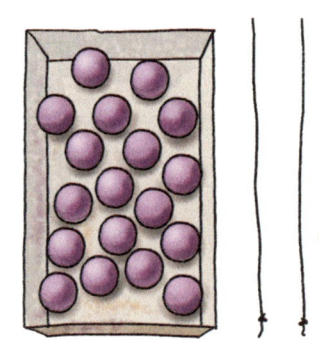 ____. Die Hälfte von 18 ist 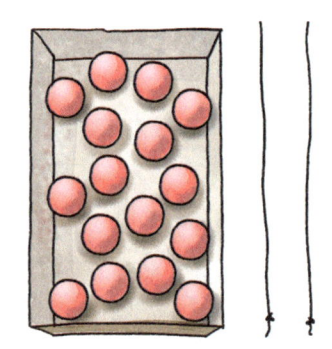 ____. Die Hälfte von 16 ist ____.

3

Zahl	4	6	2	10	12	8	16	20	14	18
die Hälfte										

4 Zahlenrätsel. Wie heißt die Zahl?

Meine Zahl ist die Hälfte von 8.

Die Hälfte meiner Zahl ist 6.

Wenn ich meine Zahl halbiere, erhalte ich 7.

Wenn ich 6 halbiere, erhalte ich 3.
Die Hälfte von 6 ist 3.

4 Zahlenrätsel lösen. Auf die verschiedenen Formulierungen achten. Eigene Zahlenrätsel erfinden.

Gerade und ungerade Zahlen

Gerecht geteilt
8 ist eine gerade Zahl.

Ungerecht!
9 ist eine ungerade Zahl.

1

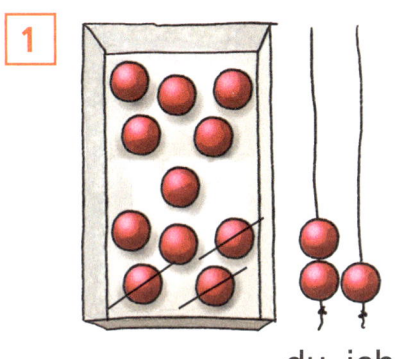

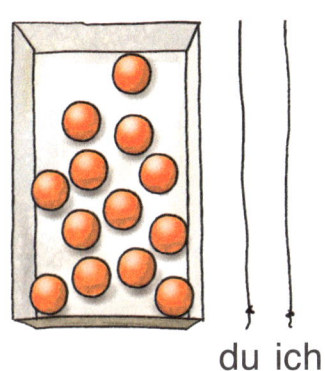

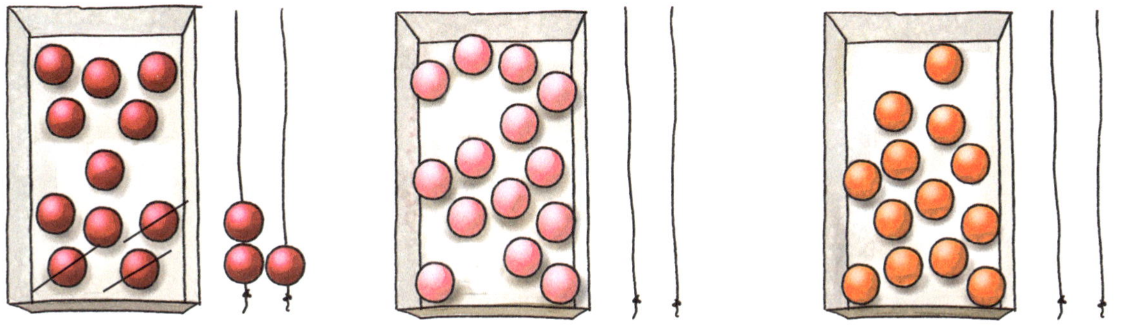

du ich
11 ist eine _____ Zahl

du ich
14 ist eine _____ Zahl

du ich
13 ist eine _____ Zahl

2 1, 2, 3, ☐, 5, ☐, ☐, 8, ☐, 10, ☐, ☐, 11, 13, ☐, ☐, ☐, ☐, ☐, ☐, ☐, ☐, ☐, ☐, ☐, ☐, ☐

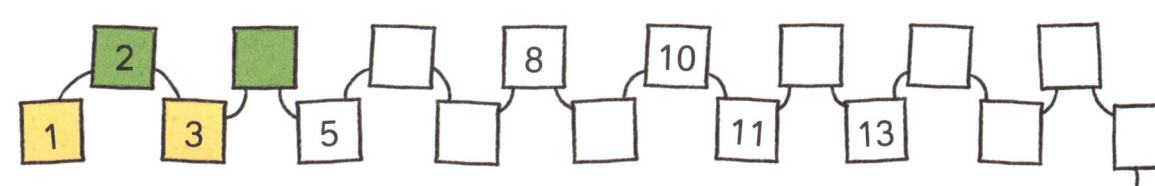

3 Additionsaufgaben. Das Ergebnis soll eine gerade Zahl sein.

2 + ☐ = ☐
4 + ☐ = ☐
6 + ☐ = ☐
8 + ☐ = ☐
10 + ☐ = ☐
12 + ☐ = ☐

1 + ☐ = ☐
3 + ☐ = ☐
5 + ☐ = ☐
7 + ☐ = ☐
9 + ☐ = ☐

Mir fällt etwas auf!

4 Das Ergebnis soll eine ungerade Zahl sein. Schreibe fünf Aufgaben.

**Gerade Zahlen kann ich halbieren: 0, 2, 4, 6, 8, 10, 12, 14, 16, 18, ...
Alle anderen Zahlen sind ungerade.**

2 Zahlenkette ins Heft schreiben. Ungerade Zahlen gelb, gerade Zahlen grün färben. **3 – 4** Eigene Aufgaben schreiben. Gesetzmäßigkeiten entdecken, z.B.: gerade Zahl plus gerade Zahl ist gleich gerade Zahl, ... Nach dieser Seite empfiehlt sich Diagnosetest D15.

Längen

1 Jetzt grün. Nein, erst gelb.

2

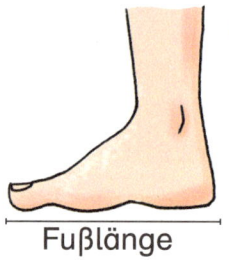

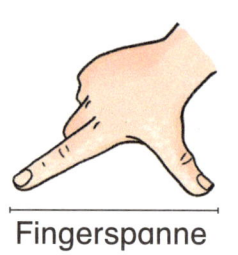

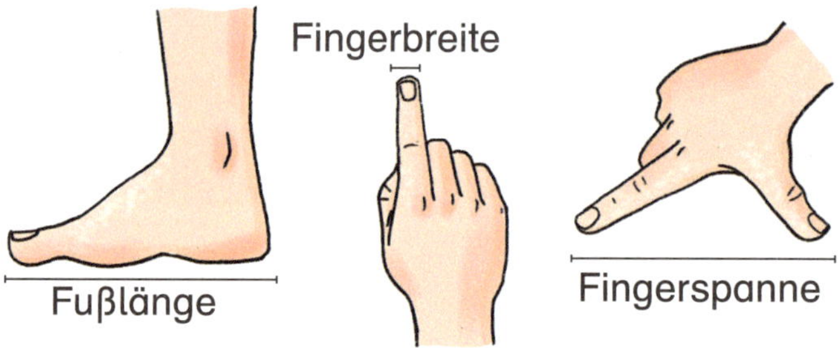

Fingerbreite

Fußlänge · Fingerspanne

3

4

Länge des Mathematikbuches

Breite des Fensters

Länge des Schülertisches

Breite der Tafel

5 Was fällt auf?

	Breite dieser Seite in Fingerbreiten
Laura	19
Martin	21
Julia	18
Katharina	22

	Länge der Fibel in Fingerbreiten
Lars	16
Christina	19
Taskin	18
Maria	20

1 Streifen der Länge nach ordnen. **2** Längen mit der Kordel vergleichen.
3 – **5** Mit Füßen, Fingerspannen und Fingerbreiten messen.

1 ___ cm

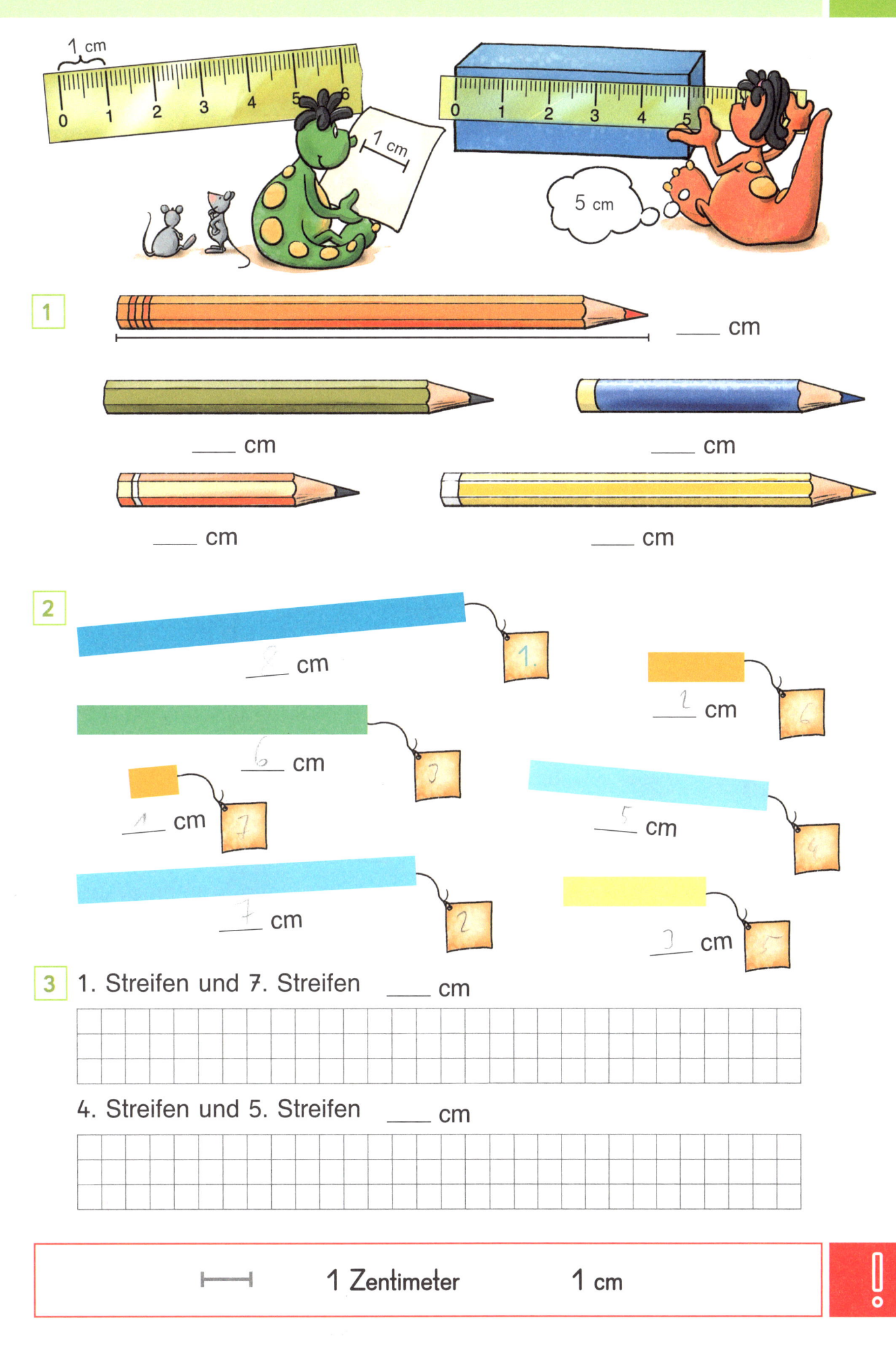

___ cm ___ cm

___ cm ___ cm

2
2 cm — 1.
6 cm — 3
1 cm — 7
7 cm — 2
2 cm — 6
5 cm — 4
3 cm — 5

3 1. Streifen und 7. Streifen ___ cm

4. Streifen und 5. Streifen ___ cm

⊢—⊣ 1 Zentimeter   1 cm

1 Mit dem Lineal messen.   2 Streifen messen und ordnen.   3 Streifen aus Aufgabe 2 zeichnen und Gesamtlänge bestimmen.

Punkt, Gerade, Strecke

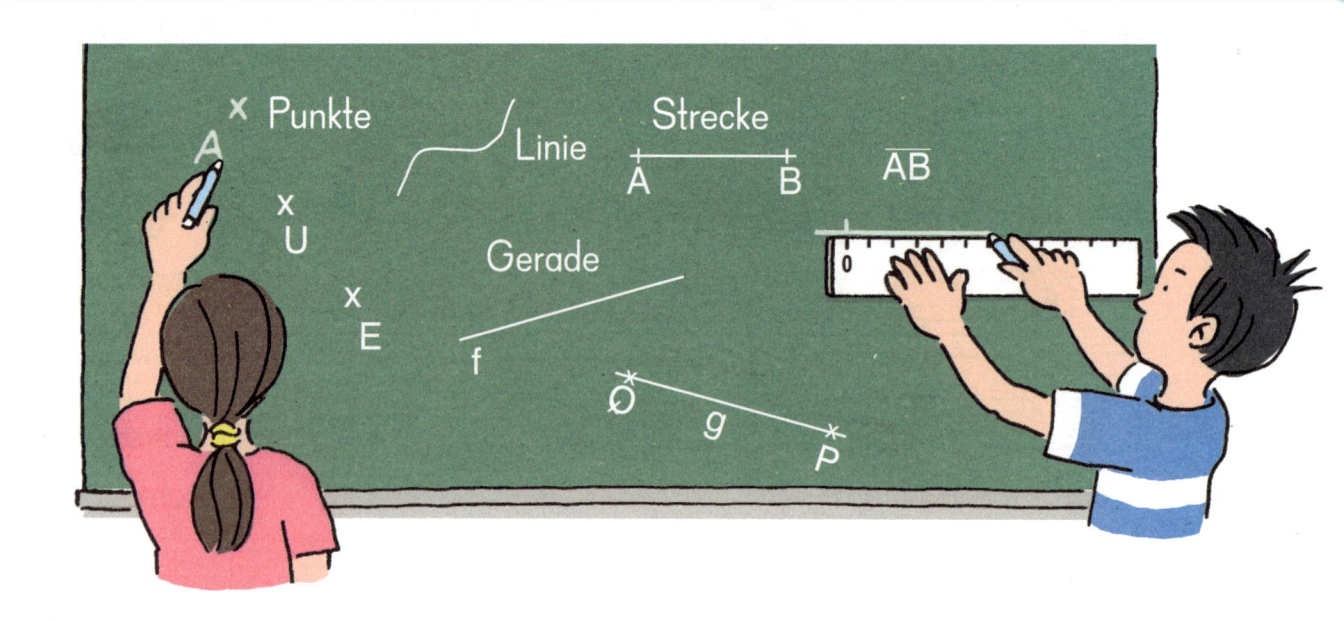

1 Zeichne die Punkte in das andere Feld.

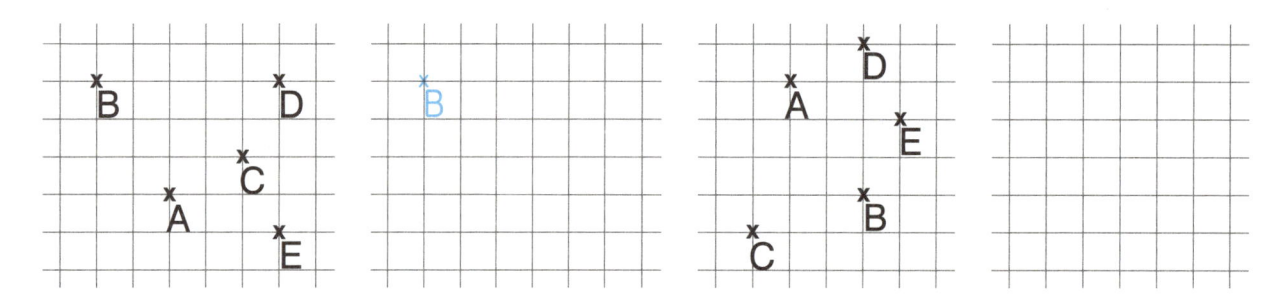

2 Zeichne Punkte und verbinde sie durch Linien.

3 Zeichne durch die Punkte Geraden.

4 Zeichne fünf Strecken: $\overline{AB}$, $\overline{CD}$, $\overline{EF}$, $\overline{RP}$, $\overline{ST}$

1 Punkte in das rechte Feld übertragen. 2 Punkte zeichnen und durch Linien verbinden.

Strecken

1

U ___ cm E

M ___ cm N

R ___ cm

L
U
___ cm

A

R ___ cm S

„Eine Strecke hat einen Anfangspunkt und einen Endpunkt."

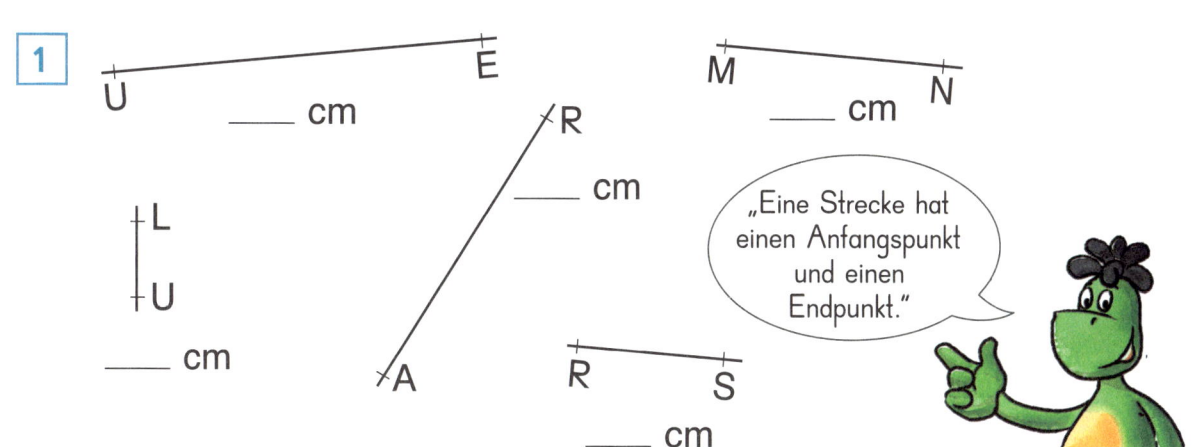

Schrittfolge beim Zeichnen einer Strecke $\overline{CD}$ = 5 cm.

1. Zeichne eine Gerade.
2. Gib auf der Geraden einen Punkt C an.
3. Lege das Lineal mit der Null am Punkt C an.
4. Miss 5 cm ab und zeichne Punkt D auf die Gerade.

$\overline{CD}$ = 5 cm

---

2 Zeichne Strecken: $\overline{AB}$ = 8 cm $\overline{CD}$ = 4 cm $\overline{EF}$ = 3 cm $\overline{GH}$ = 6 cm

3 Welche Sätze stimmen? Kreuze an.

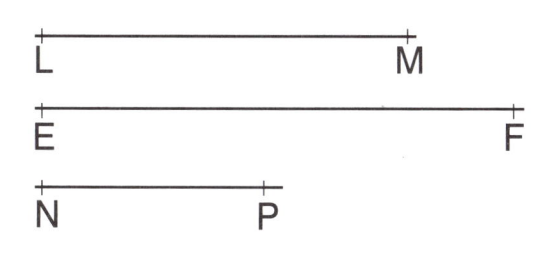

L ——— M
E ——————— F
N ——— P

1. $\overline{LM}$ ist kürzer als $\overline{EF}$. ☐
2. $\overline{EF}$ ist länger als $\overline{LM}$. ☐
3. $\overline{LM}$ und $\overline{NP}$ sind gleich lang. ☐
4. $\overline{NP}$ ist länger als $\overline{EF}$. ☐

---

g ——— Das ist die Gerade g. Geraden bezeichnet man mit Kleinbuchstaben.

×B   Das ist der Punkt B. Punkte bezeichnet man mit Großbuchstaben.

B ——— C   Das ist die Strecke $\overline{BC}$.

2 Strecken in das Heft zeichnen.
Nach dieser Seite empfiehlt sich Diagnosetest D16.

Rechenolympiade: Das hast du gerade gelernt

1 15 + 2 = ___   11 + 5 = ___   13 + 6 = ___
    5 + 2 = ___   1 + 5 = ___   3 + 6 = ___

    12 + 7 = ___   18 + 2 = ___   14 + 4 = ___
    _____   _____   _____

2 18 − 7 = ___   16 − 4 = ___   15 − 3 = ___
    8 − 7 = ___   6 − 4 = ___   5 − 3 = ___

    14 − 1 = ___   17 − 6 = ___   12 − 2 = ___
    _____   _____   _____

3 ___ + 4 = 20

    ___   20

    ___ − 6 = 12

    12   ___

4 ___ + 5 = 19   ___ + 3 = 16
    ___ + 2 = 17   ___ + 4 = 17

5 ___ − 7 = 12   ___ − 3 = 14
    ___ − 3 = 15   ___ − 8 = 12

6

7

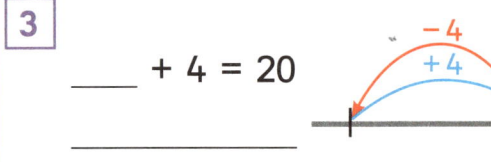

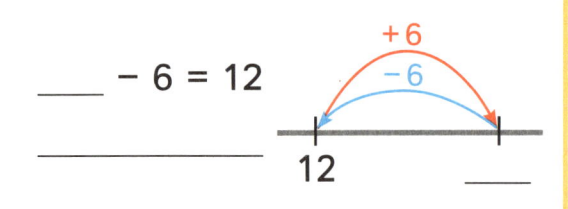

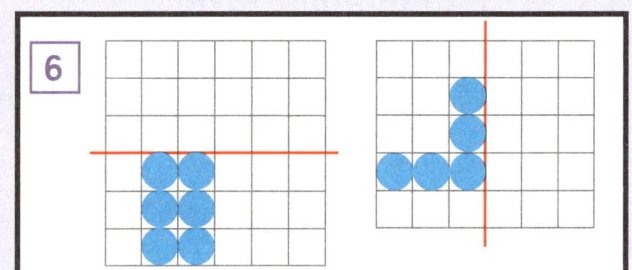

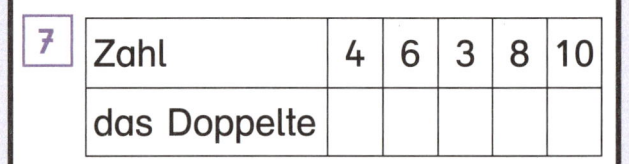

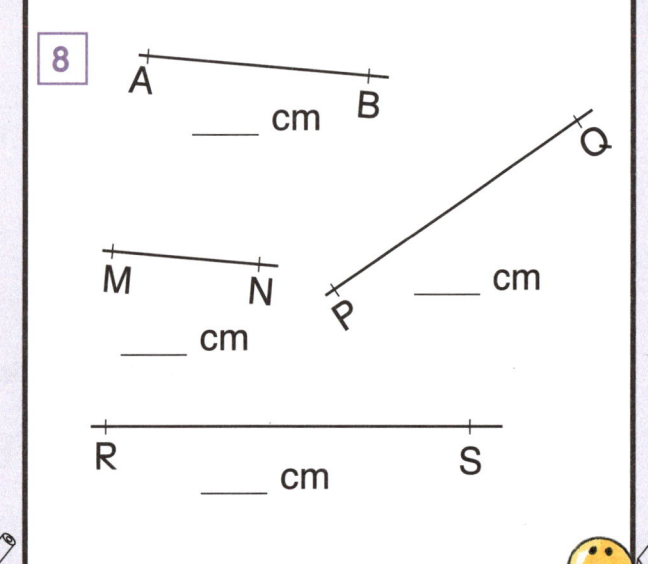

Zahl	4	6	3	8	10
das Doppelte					

8 A ___ cm B

    M ___ cm N   P ___ cm Q

    R ___ cm S

1 – **2** Grundaufgaben übertragen. **3** – **5** Platzhalteraufgaben mit Hilfe der Umkehraufgabe lösen.
6 Spiegeln und Spiegelbild einzeichnen. **7** Verdoppeln. **8** Strecken messen.
Diese Rechenolympiade befindet sich als Kopiervorlage im Lehrermaterial.

Rechenolympiade: Kannst du das noch?

1 Ordne zu.

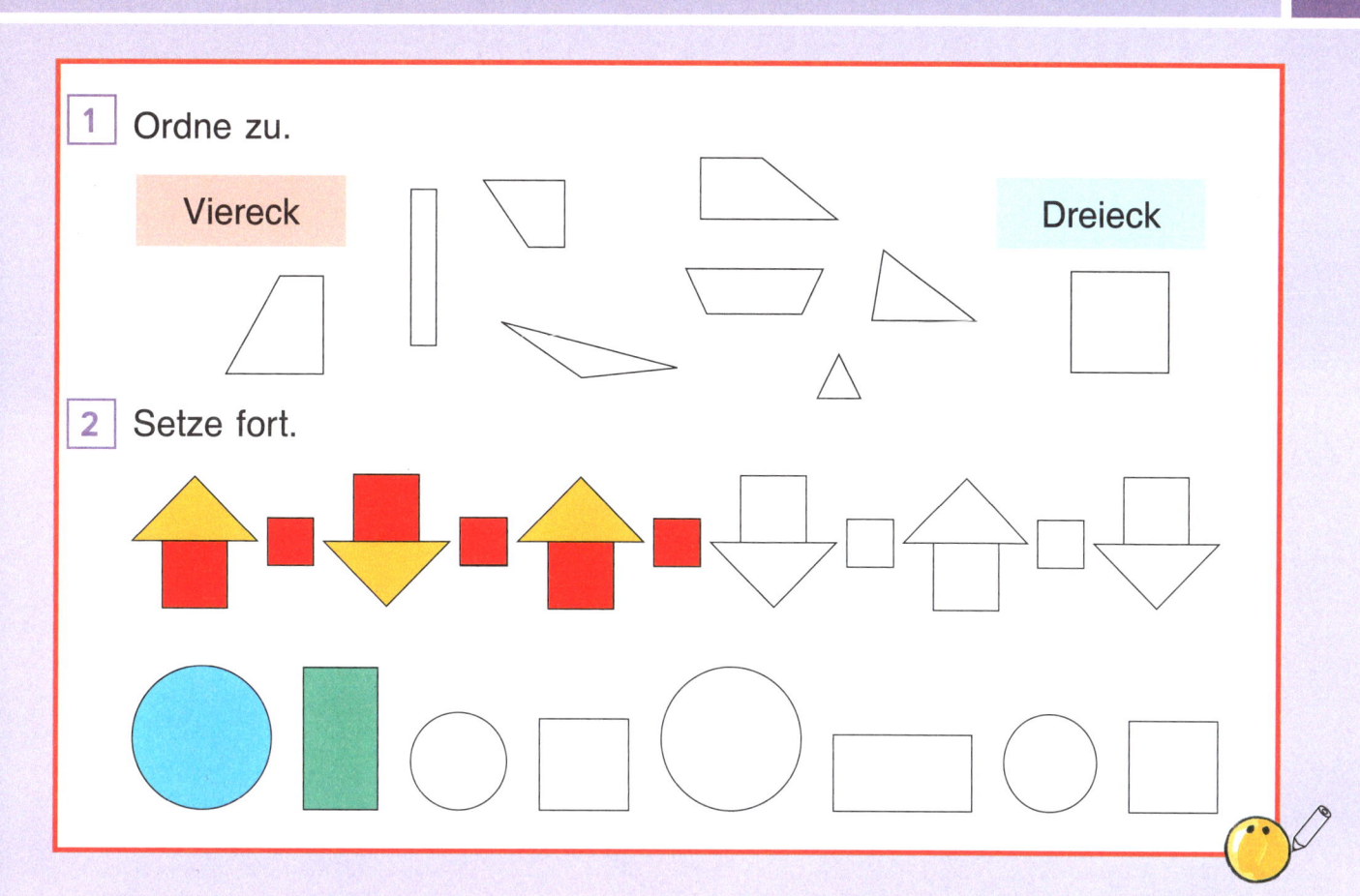

Viereck · · · Dreieck

2 Setze fort.

3

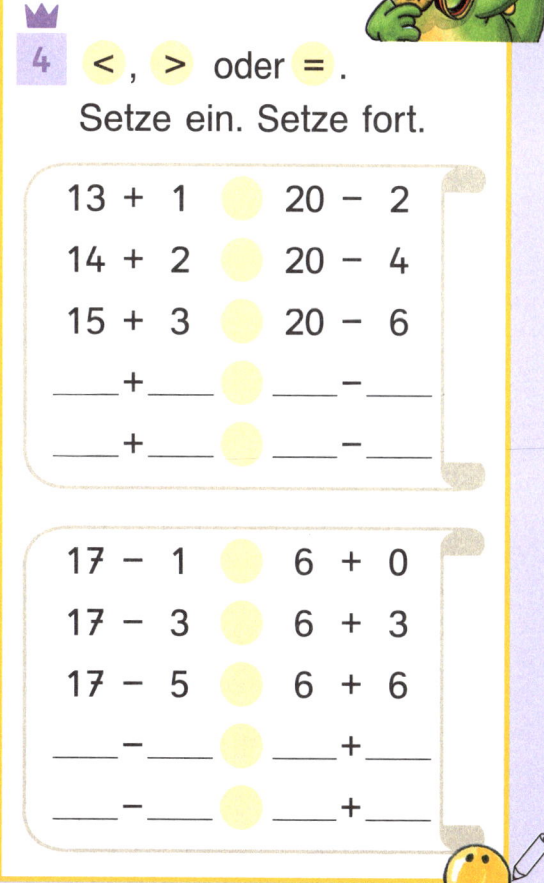

4 < , > oder = .
Setze ein. Setze fort.

13 + 1 ◯ 20 − 2
14 + 2 ◯ 20 − 4
15 + 3 ◯ 20 − 6
___ + ___ ◯ ___ − ___
___ + ___ ◯ ___ − ___

17 − 1 ◯ 6 + 0
17 − 3 ◯ 6 + 3
17 − 5 ◯ 6 + 6
___ − ___ ◯ ___ + ___
___ − ___ ◯ ___ + ___

3 Verwandte Aufgaben finden.

Rechnen über die Zehn

1

6 + 5

4 6
9 3   8
7 1

Das kann ich schon	Hier brauche ich Hilfe
6 + 3 = 9	6 + 8 = 14
6 + 1 =	6 + 5 =

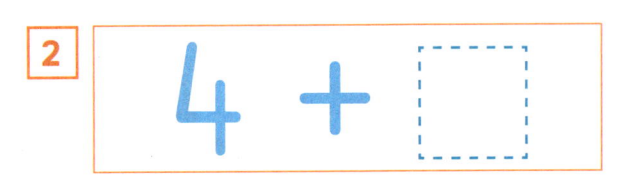

2 4 + ☐

Auf zur Rechenkonferenz!

1 – 2 Aufgaben mit Zahlenkarten legen. Entscheiden, ob die Lösung im Kopf oder mit Hilfen gelingt. Aufgabe und Ergebnis auf den passenden Zettel schreiben.

Rechenkonferenz Addieren

1

Leonie: 6 + 6 = 12, dann noch 2.
Salim: Erst + 2 bis 10, dann noch 4.
Lea: 7 + 7
Kai: ... 14
Melanie: 5 + 5 = 10, dann noch 4.

8 + 6

2 5 + 7   Meine Lösung

3 8 + 7   Meine Lösung

4 6 + 7

6 + 7 = ___
6 + 4 = 10
10 + 3 = ___

Erst + 4, dann + 3.

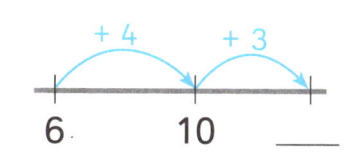

+ 4   + 3
6   10   ___

5 3 + 8

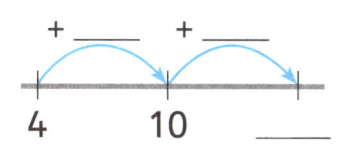

3 + 8 = ___
3 + 7 = 10
10 + ___ = ___

Erst + 7, dann ___.

6 4 + 8

+ ___   + ___
4   10   ___

Erst ___, dann ___.

1 Rechenkonferenz: Über Lösungswege sprechen. 2 – 3 Eigenen Lösungsweg aufschreiben.
4 – 6 Aufgaben schrittweise lösen.

Schrittweises Addieren 5 1 1 | 5 1 2

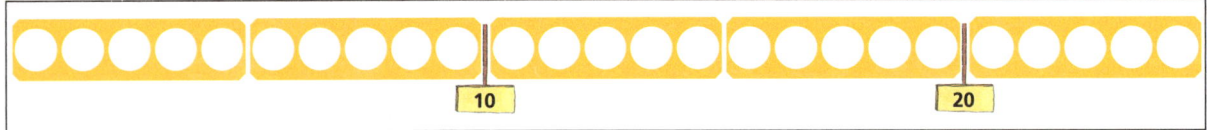

1 8 + 5

| 8 + 5 = 13 |
| 8 + 2 = 10 |
| 10 + 3 = 13 |

+2, +3: 8 → 10 → 13

2
8 + 4   5 + 7   7 + 4   6 + 8   9 + 9
8 + 7   5 + 9   7 + 7   6 + 6   9 + 3
8 + 5   5 + 6   7 + 6   6 + 9   9 + 7

3
4 + 9   8 + 3   3 + 9
4 + 7   8 + 6   3 + 8
4 + 8   8 + 9   3 + 10

11 11 11 12 12 13 13 14 17 18

Nutze die blauen Lösungszahlen. Eine Geisterzahl bleibt übrig.

4
9 + 5   6 + 6   8 + 9
6 + 5   9 + 6   3 + 9
7 + 5   5 + 6   5 + 9

10 11 11 12 12 12 14 14 15 17

5

+	5	8	4
7			
8			

+	7	6	9
6			
4			

+	6	7	8
5			
7			

6

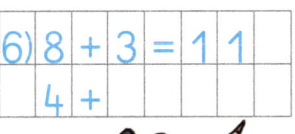

6) 8 + 3 = 11
   4 +

- Addiere die Zahlen 8 und 3.
- Bilde die Summe aus den Zahlen 9 und 7.
- Die Summanden sind 4 und 9. Nenne die Summe.
- Addiere die Zahlen 7 und 4.
- Berechne die Summe aus den Zahlen 3 und 9.
- Addiere die Zahlen 5 und 6.
- Die Summanden sind 6 und 8. Bilde die Summe.

2 – 5 Schreibweise wählen oder vorstellend lösen. Hilfe: Mit Plättchen auf der Beilage legen.
6 Aufgaben im Heft notieren und lösen.

Vorteilhaftes Rechnen

1

Salim: "Erst + 4, dann ..."

6 + 9

Tom

Julia: 15

Jonas: "6 + 10 = ___, dann 1 weniger."

10 + 5

2 7 + 9 = ___

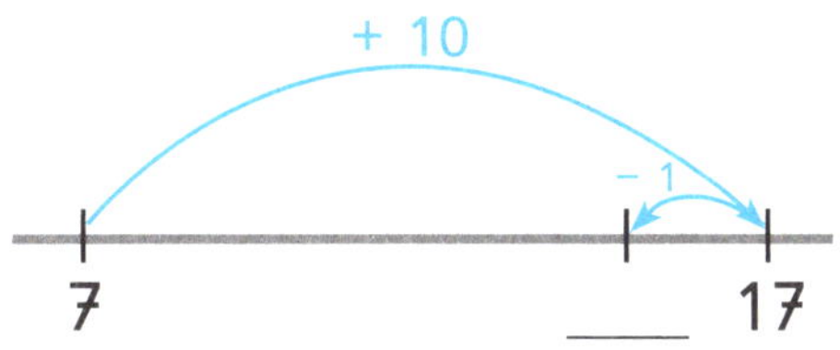

+ 10
− 1

7 ___ 17

7 + 9 = ___
7 + 10 = ___
___ − 1 = ___

3 4 + 9 = ___

+ 10

4 ___ 14

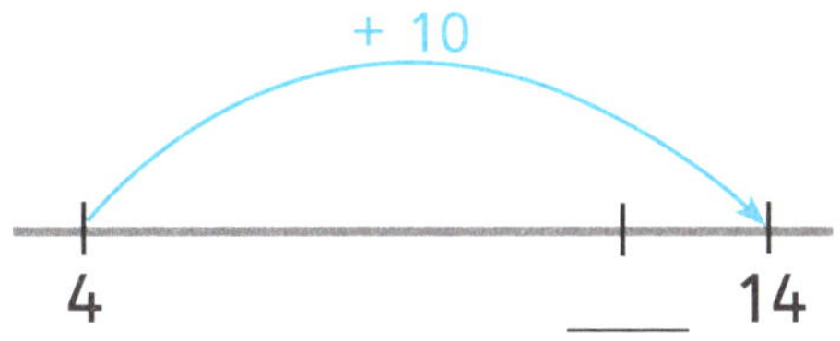

4 + 9 = ___
4 + 10 = ___
___ − 1 = ___

4
3 + 9	6 + 5	4 + 8	2 + 9	4 + 7
7 + 4	8 + 8	9 + 9	6 + 8	2 + 8
5 + 8	6 + 9	9 + 5	3 + 8	7 + 6

10 11   11 11   11 11 12   12 13 13   14 14 15   16 18 19

5
9 + 5	7 + 8	5 + 7	7 + 7	9 + 8
8 + 9	6 + 6	8 + 3	8 + 6	4 + 9
9 + 2	7 + 9	5 + 9	5 + 6	9 + 7

10 11   11 11   12 12 13   14 14 14   14 15 16   16 17 17

6 Schreibe Subtraktionsaufgaben.

1 Rechenkonferenz: Über Lösungswege sprechen. **2** – **3** Aufgaben schrittweise lösen.
4 – **5** Aufgaben im Heft lösen. Strategie und Schreibweise wählen.
Nach dieser Seite empfiehlt sich Diagnosetest D17.

Subtrahieren über die Zehn

1 15 − 9

4 3 7 8 5 2

Das kann ich schon	Hier brauche ich Hilfe
15 − 2 = 13	15 − 7 = 8
15 − 5 = 10	15 − 9 =

Auf zur Rechenkonferenz!

2 12 −

1 – 2 Aufgaben mit Zahlenkarten legen. Entscheiden, ob die Lösung im Kopf oder mit Hilfen gelingt. Aufgabe und Ergebnis aufschreiben.

Rechenkonferenz Subtrahieren

1

Inga: ... 6

14 – 8

Max: Ich halbiere 14 und ...

Kira: Erst – 4 bis 10, dann noch ...

Jens: Ich habe auch noch eine Idee!

2 15 – 7   Meine Lösung

3 12 – 6   Meine Lösung

4 13 – 5
13 – 5 = ___
13 – 3 = 10
10 – 2 = ___

Erst – 3, dann – 2.

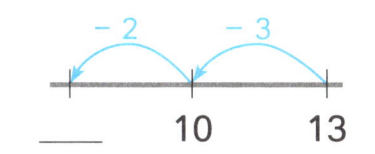

$$-2 \quad -3$$
___   10   13

5 15 – 8
15 – 8 = ___
15 – 5 = 10
10 – ___ = ___

Erst – 5, dann ___.

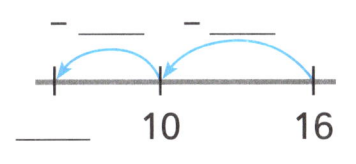

6 16 – 7
___   ___
___   10   16

Erst ___, dann ___.

1 Rechenkonferenz: Über Lösungswege sprechen. **2** – **3** Eigenen Lösungsweg aufschreiben.
4 – **6** Aufgaben schrittweise lösen.

103

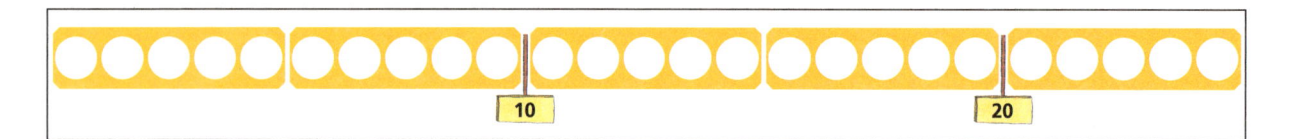

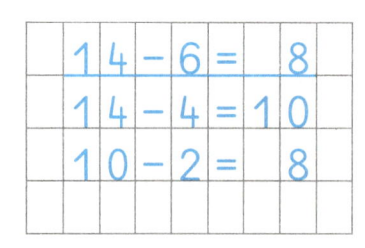

Schrittweises Subtrahieren   5 2 1 | 5 2 2

1 14 − 6

14 − 6 = 8
14 − 4 = 10
10 − 2 = 8

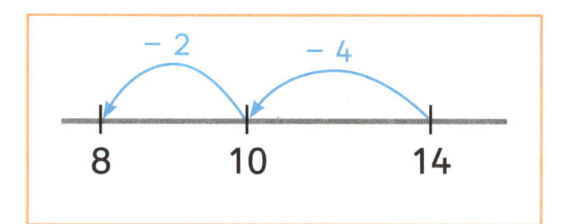

−2, −4
8 10 14

2
12 − 8	14 − 4	16 − 7	13 − 8	15 − 6
12 − 5	14 − 9	16 − 9	15 − 8	12 − 6
12 − 4	14 − 5	16 − 4	11 − 8	13 − 6

2 3 4 5 5 6 7 7 7 7 8 9 9 9 10 12

3
11 − 9	13 − 6	15 − 9	11 − 4	12 − 9
17 − 9	14 − 7	14 − 8	14 − 6	13 − 9
18 − 9	15 − 7	16 − 8	13 − 4	14 − 6

1 2 3 4 6 6 7 7 7 8 8 8 8 8 9 9

4
15 − 6 − 5 = ___
15 − 8 − 5 = ___
15 − 3 − 5 = ___

5
13 − 6 − 3 = ___
13 − 8 − 3 = ___
13 − 2 − 3 = ___

6
14 − 7 − 4 = ___
14 − 3 − 4 = ___
14 − 9 − 4 = ___

7

−	4	6	9
14			
16			

−	9	3	7
11			
15			

−	7	8	
10			
13			4

8 7 € 5 €

Zusammen ___ €.

9 8 € 8 €

Zusammen ___ €.

2 – 3 Schreibweise wählen oder vorstellend lösen. Hilfe: Mit Plättchen auf der Beilage legen. 4 – 6 Zahlenblick schärfen. Zahlen in geschickter Reihenfolge subtrahieren. 8 – 9 Gesamtbetrag eintragen, legen und zeichnen.

Vorteilhaftes Rechnen

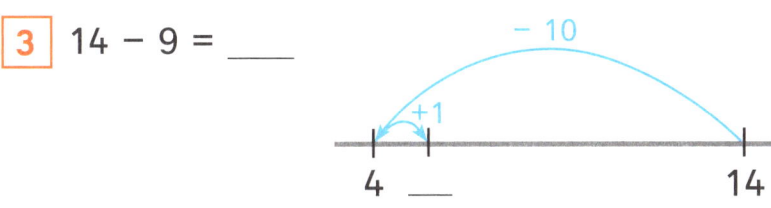

1 13 − 9

"10, 11, 12, 13"

"Ich subtrahiere erst 10 und dann ..."

Hannah   Timo

2 18 − 9 = ___

− 10, +1
8 __ 18

18 − 9 = ___
18 − 10 = ___
___ + 1 = ___

3 14 − 9 = ___

− 10, +1
4 __ 14

14 − 9 = ___
14 − 10 = ___
___ + 1 = ___

4 12 − 8 = ___

− 10
2 __ 12

12 − 8 = ___
12 − 10 = ___
___ + ___ = ___

5
11 − 9	14 − 7	17 − 9	11 − 7	14 − 6
20 − 9	15 − 8	15 − 6	12 − 8	16 − 8
15 − 9	16 − 9	13 − 7	14 − 9	18 − 9
2 3	4 4	5 6 6	7 7 7	8 8 8	9 9	11

6
12 − 4	13 − 6	15 − 7	14 − 5	17 − 9
12 − 6	13 − 4	15 − 5	14 − 7	17 − 7
12 − 8	13 − 8	15 − 9	14 − 9	17 − 8
4 5 5	6 6 7	7 7 8	8 8 9	9 9	10 10

7
16 − 2 − 6 = ___   13 − 9 − 1 = ___   16 − 8 − 8 = ___
16 − 0 − 8 = ___   15 − 0 − 5 = ___   11 − 8 − 1 = ___

8
Subtrahiere die Zahl 8 von der Zahl 14.   Subtrahiere die Zahl 9 von der Zahl 13.   Subtrahiere die Zahl 7 von der Zahl 15.

2 – 4 Aufgaben schrittweise lösen.   5 – 6 Aufgabe im Heft lösen. Strategie und Schreibweise wählen.
7 Zahlenblick schärfen. Zahlen in geschickter Reihenfolge subtrahieren.   8 Aufgabe finden und lösen.
Nach dieser Seite empfiehlt sich Diagnosetest D18.

Übungen zu den Grundaufgaben: Pluminchen und Plumino

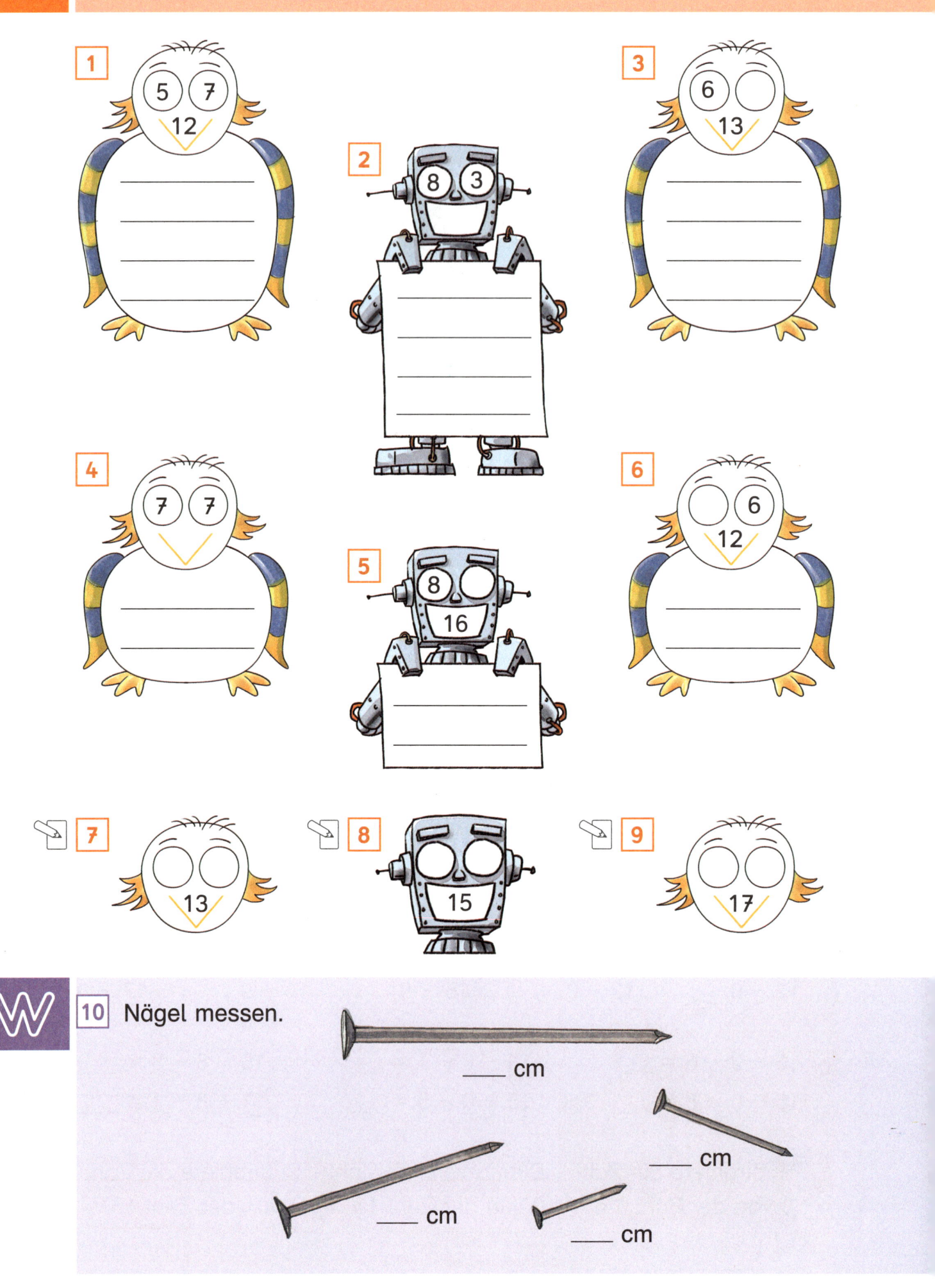

1 5 7 → 12

2 8 3

3 6 ? → 13

4 7 7

5 8 ? → 16

6 6 ? → 12

7 ? ? → 13

8 ? ? → 15

9 ? ? → 17

10 Nägel messen.

___ cm

___ cm

___ cm

___ cm

7 – 9 Pluminchen und Plumino ins Heft übertragen, jeweils vier verwandte Aufgaben finden.

Zahlen-ABC

1	2	3	4	5	6	7	8	9	10	11	12	13	14	15	16	17	18	19	20	21	22	23	24	25	26
A	B	C	D	E	F	G	H	I	J	K	L	M	N	O	P	Q	R	S	T	U	V	W	X	Y	Z

1
15 + 3 = ___
11 + 4 = ___
10 − 8 = ___
6 − 4 = ___
8 − 3 = ___

2
14 − 10 = ___
9 − 4 = ___
6 + 6 = ___
10 − 4 = ___
4 + 5 = ___
16 − 2 = ___

3
8 + 5 = ___
20 + 1 = ___
13 + 6 = ___
10 − 7 = ___
12 − 4 = ___
11 − 6 = ___
5 + 7 = ___

4
6 + 5 = ___
14 + 4 = ___
14 − 9 = ___
10 − 8 = ___
15 + 4 = ___

5
3 + 8 = ___
8 + 7 = ___
12 + 6 = ___
6 − 5 = ___
6 + 6 = ___
3 + 9 = ___
12 − 7 = ___

6
1 + ___ = 20
5 + ___ = 10
15 + ___ = 20
1 + ___ = 10
13 + ___ = 20
6 + ___ = 11
2 + ___ = 14

1 – **6** Rechnen, zum Ergebnis im Zahlen-ABC den passenden Buchstaben suchen und Lösungswort eintragen.

Aufgaben zum Entdecken: Plusmobil

1

"Das ist ein Plusmobil."

+	3	2
1		
3		

"Erst die Mitte."

+	3	2
1	4	3
3	6	

"Dann den Rand."

+	3	2	
1	4	3	7
3	6	5	

"Nun das Rad. 10 + 8 ="

+	3	2	
1	4	3	7
3	6	5	11
10	8		

2

+	1	2
2		
2		

3

+	1	2
1		
3		

4

+	3	4
2		
0		

5

+	5	1
1		
3		

6

+	3	0
2		
5		

7

+	6	2
5		
2		

Plusmobil: Lösen durch Addieren, Subtrahieren und Umkehraufgabe.

1

+		2
4	5	
2		

2

+	0	
2		6
3		

3

+	4	2
	5	
2		

4

+	1	3
3		
		3

5

+		
2	6	
0		3

6

+	0	3
		6
3		

7

+	4	
0		
	5	12

Radzahl: 18

8

+	1	
		6
		11
	14	

Radzahl: 18

9

+	0	3
3		

Radzahl: 20

10

+		

Radzahl: 20

1 – **9** Entdecken der Gesetzmäßigkeit: Die Radzahl ist doppelt so groß wie die Summe der Eingangszahlen.
10 Eigene Aufgaben schreiben: Plusmobil zur Radzahl 20. Es sind verschiedene Lösungen möglich.

Sachrechnen

Welche Fragen kannst du beantworten?

1

Wie viele Kinder stehen beim Seilspringen an?

Wie viele Kinder sind schon gesprungen?

Wie teuer sind zwei Stelzen?

2

Wer hat die Männchen an die Mauer gemalt?

Wie viele Schaufeln stecken im Sand?

Fünf Kinder spielen Gummitwist. In welche Klasse gehen sie?

3

Wie viele Reifen sind es zusammen?

Wie oft kann das Mädchen den Reifen drehen?

Drei Kinder spielen mit Murmeln, ein Kind mit dem Reifen. Wie viele Kinder sind in der Klasse?

4

Du siehst große und kleine Bäume. Wie alt sind die großen?

Wie viele Kinder auf dem Bild spielen Verstecken?

Wie lange haben die Kinder Pause?

1 Was gehört zusammen? Ordne zu und verbinde.

A   B    C

Wie viele Kinder sind insgesamt auf dem Klettergerüst?

Wie viele Seifenblasen sind noch ganz?

Wie viele Kinder wippen noch?

Wie viele Muffins backt Mama morgen?

12 + 4 = ___   4 + 4 = ___   10 − 2 = ___   12 − 4 = ___

___ Seifenblasen sind noch ganz.

___ Kinder wippen noch.

___ Kinder spielen fangen.

___ Kinder sind insgesamt auf dem Klettergerüst.

2 Erzähle deinem Partner eine Rechengeschichte zu dem Bild.
Wie heißt die Frage?
Schreibe eine Aufgabe und löse sie.
Schreibe die Antwort.

3 Schreibe oder male jeweils eine Rechengeschichte zu der Aufgabe.
Stelle eine Frage. Löse und antworte.

5 + 6 = ___   17 − 10 = ___   13 + ___ = 19

4 Schreibe und male eigene Rechengeschichten.

2 – 4 Zusätzlich: Eigene Rechengeschichten für eine Sachrechenkartei sammeln.

Sachrechnen

Frage

Lösungsweg

Antwort

1   Zwei Kinder spielen Ball. Es kommen noch ___ Kinder dazu.

  F   Wie viele Kinder spielen dann Ball?

  L   2 + ___ = ___

  A   ___ Kinder spielen dann Ball.

2   Pia hat aus Sand ___ große und ___ kleine Kuchen gebacken.

  F   Wie viele Kuchen hat Pia zusammen?

  L   ___ + ___ = ___

  A   ___ Kuchen hat Pia zusammen.

3   Ole hat ___ Luftballons und Nala hat ___ Luftballons.

  F   Wie viele Luftballons haben beide zusammen?

  L   ___ + ___ = ___

  A   ___ Luftballons haben beide zusammen.

1 – 3 Text nach dem Bild ergänzen. Lösung und Antwort aufschreiben.

| 8 3 2

1 Vier Kinder schaukeln. ___ Kinder springen ab.

F Wie viele Kinder schaukeln noch weiter?

L 4 − ___ = ___

A ___ Kinder schaukeln noch weiter.

2 Neun Vögel suchen Futter. ___ Vögel fliegen weg.

F Wie viele Vögel sind noch da?

L ___ − ___ = ___

A ___ Vögel sind noch da.

3 Auf der Mauer waren ___ Dosen. ___ Dosen fallen herunter.

F Wie viele Dosen sind noch auf der Mauer?

L ___ − ___ = ___

A ___ Dosen sind noch auf der Mauer.

1 – **3** Text nach dem Bild ergänzen. Lösung und Antwort aufschreiben.

Skizze als Lösungshilfe

1 Lina hat sechs lila Murmeln und zwei blaue Murmeln.

F Wie viele Murmeln hat Lina?

L _____

A ____ Murmeln hat Lina.

2 Neun Kinder spielen miteinander. Vier Kinder gehen nach Hause.

F Wie viele Kinder sind noch da?

L _____

A ____ Kinder sind noch da.

3 Acht Kinder spielen miteinander. Zwei Kinder gehen nach Hause.

F Wie viele Kinder sind noch da?

L _____

A ____ Kinder sind noch da.

4 Olga hat zehn Murmeln. Tim hat sieben Murmeln.

F Wie viele Murmeln hat Olga mehr?

L _____

A ____ Murmeln hat Olga mehr als Tim.

5

Strecke	Länge
$\overline{AB}$	cm
$\overline{BC}$	
$\overline{CD}$	
$\overline{DE}$	
$\overline{EA}$	

Welche Sätze stimmen? Kreuze an.

$\overline{AB}$ ist kürzer als $\overline{EA}$. ☐

$\overline{CD}$ ist länger als $\overline{AB}$. ☐

$\overline{DE}$ und $\overline{EA}$ sind gleich lang. ☐

1, **2**, **4** Lösung und Antwort aufschreiben.   **3** Eine passende Skizze zeichnen. Lösung und Antwort aufschreiben.
5 Strecken messen und Länge eintragen.

1 Julia hat 9 Sticker. Sie schenkt Petra 4 Sticker.

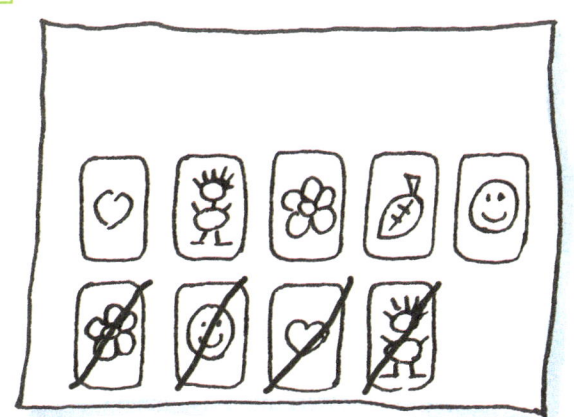

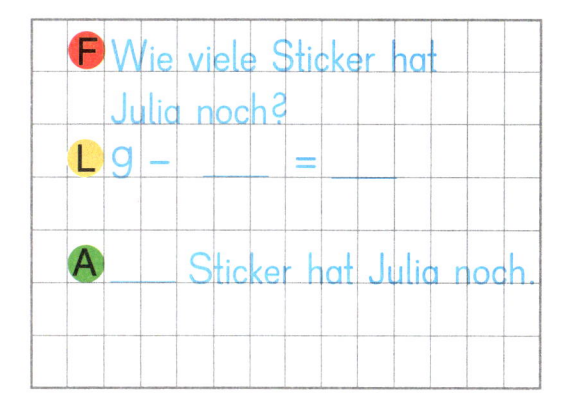

F Wie viele Sticker hat Julia noch?
L 9 – ___ = ___
A ___ Sticker hat Julia noch.

2 Nadine hat 6 gelbe und 5 blaue Luftballons.

F Wie viele Luftballons hat Nadine?
L
A

3 Jonas hat 13 Murmeln. Er schenkt Lena 5 Murmeln.

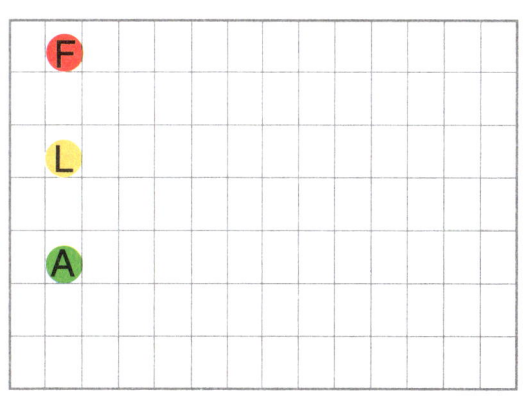

F
L
A

4 Niko hat 11 Sticker. Er verschenkt 3 Sticker.

5 Lisa hat 4 rote und 3 blaue Blumen.

6 Martin hat 3 große und 8 kleine Murmeln.

7 Taskin hat 18 Sticker. Er verschenkt die Hälfte.

1 – **3** Lösung mit Skizze. Antwort aufschreiben.   **4** – **7** Skizze als Lösungshilfe.
Nach dieser Seite empfiehlt sich Diagnosetest D19.

Rechnen mit Geldbeträgen

__2__ € zurück.

1 5 € ___ € zurück.

2 6 € ___ € zurück.

3 ___ € ___ € zurück.

4 ___ € ___ € zurück.

5 ___ € ___ € zurück.

6 ___ € ___ € zurück.

1 – 2 Zurückgegebenen Betrag berechnen.   3 – 6 Preis eintragen. Zurückgegebenen Betrag berechnen.

811 | 812

Zum Knobeln: Scheine oder Münzen legen

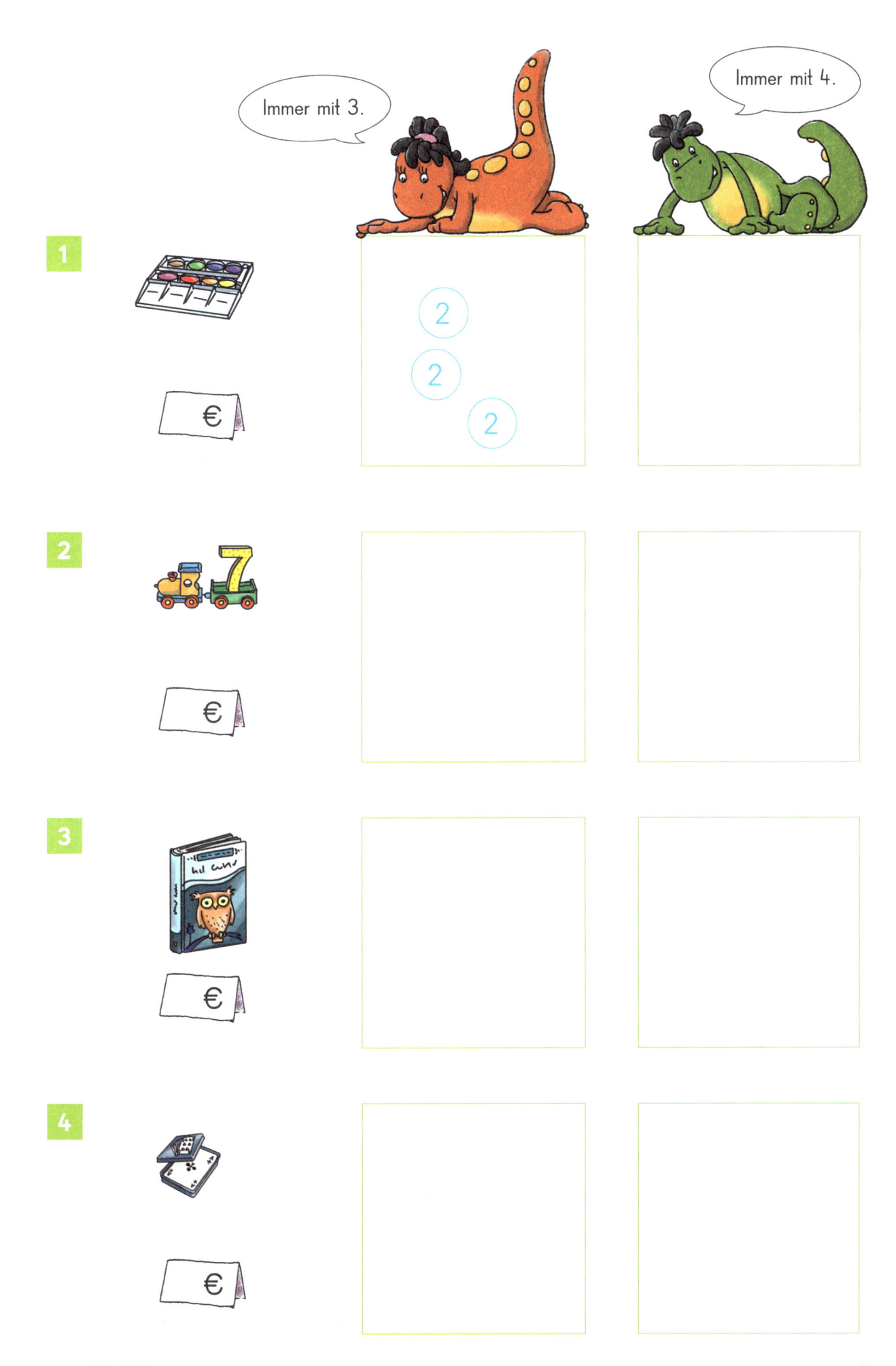

Immer mit 3.

Immer mit 4.

1 € ② ② ②

2 €

3 €

4 €

1 – **4** Scheine oder Münzen zeichnen: links drei, rechts vier.

117

Rechnen mit Geldbeträgen

1 Lena kauft

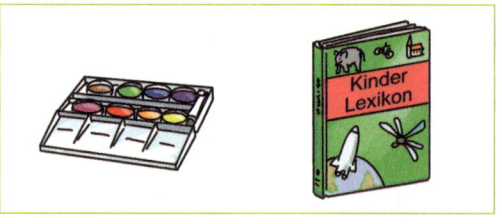

F Wie viel Euro zahlt Lena?

L 6 € + 9 € = _____

A ____ € zahlt Lena.

2 Ali kauft

F Wie viel Euro zahlt Ali?

L _____

A _____ zahlt Ali.

3 Ich kaufe

F Wie viel Euro zahle ich?

L _____

A _____ zahle ich.

4

Max hat _____. Er zahlt _____.

F Wie viel Euro hat Max noch?

L _____

A _____ hat Max noch.

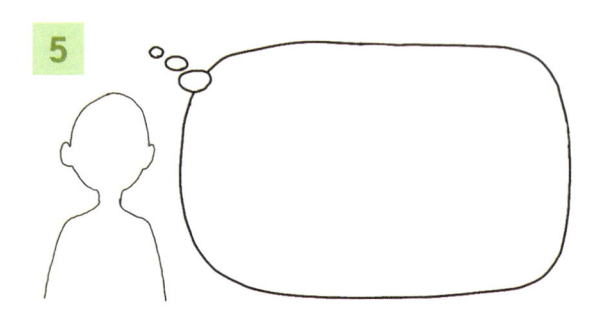

Max

5

Ich habe _____. Ich zahle _____.

F Wie viel Euro habe ich noch?

L _____

A _____ habe ich noch.

1, **2**, **4** Lösung und Antwort aufschreiben.   **3**, **5** Eigene Aufgabe erfinden.

Cent

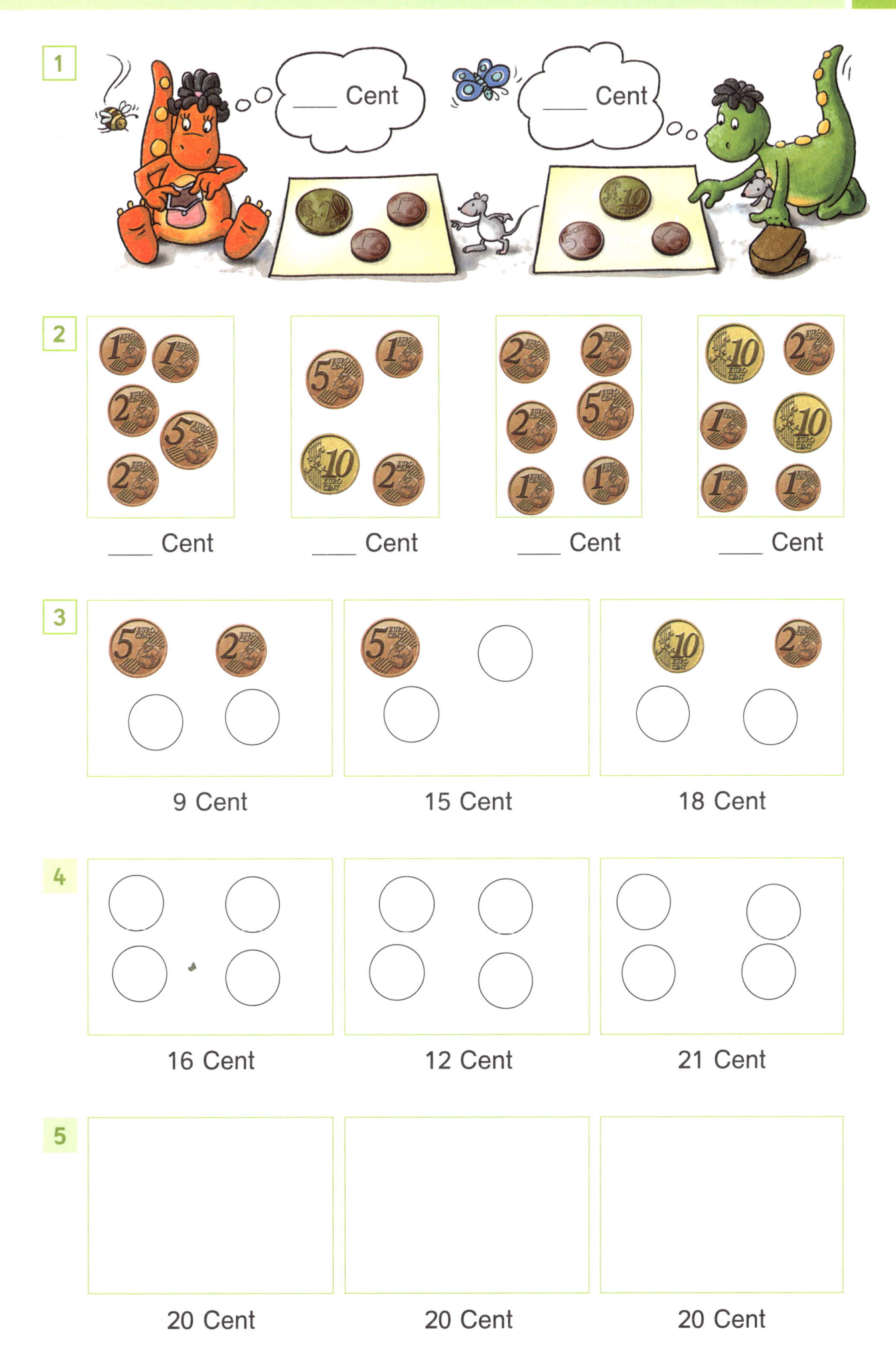

1 ___ Cent ___ Cent

2 ___ Cent   ___ Cent   ___ Cent   ___ Cent

3 9 Cent   15 Cent   18 Cent

4 16 Cent   12 Cent   21 Cent

5 20 Cent   20 Cent   20 Cent

3 – 4 Münzen zeichnen. 5 Verschiedene Möglichkeiten für den Betrag legen und zeichnen.
Nach dieser Seite empfiehlt sich Diagnosetest D20.

Rechnen und Entdecken

Rechnen mit 10 ist leicht.

1 7 + 6 + 4 = 17
6 + 4 + 7 = ___
6 + 7 + 4 = ___

2 3 + 7 + 5 = ___
5 + 3 + 7 = ___
3 + 5 + 7 = ___

3 9 + 4 + 6 = ___
7 + 5 + 5 = ___
2 + 7 + 8 = ___

4 6 + 4 + 6 = ___
3 + 7 + 9 = ___
1 + 6 + 9 = ___

5 _____
_____
_____

6 5 + 8 + 5 = ___
3 + 9 + 7 = ___
8 + 7 + 2 = ___

7 15 − 4 − 6 = 5
12 − 3 − 7 = ___
17 − 8 − 2 = ___

8 13 − 6 − 4 = ___
14 − 7 − 3 = ___
16 − 2 − 8 = ___

9 18 − 1 − 9 = ___
14 − 6 − 4 = ___
15 − 5 − 5 = ___

10 18 − 3 − 7 = ___
12 − 6 − 4 = ___
11 − 2 − 8 = ___

11 _____
_____
_____

Wo ist die 10?

12 16 − 6 − 3 = 7
12 − 5 − 2 = ___
17 − 8 − 7 = ___

13 11 − 8 − 1 = ___
18 − 5 − 8 = ___
14 − 4 − 7 = ___

14 15 − 5 − 6 = ___
13 − 8 − 3 = ___
19 − 7 − 9 = ___

15 _____
_____
_____

16 7 + 12 − 2 = ___
6 + 14 − 4 = ___
3 + 15 − 5 = ___

12 − 2 + 4 = ___
16 + 3 − 6 = ___
6 + 7 + 4 = ___

13 + 6 − 3 = ___
15 − 7 − 3 = ___
17 + 4 − 7 = ___

5   13   13   14   14   16   16   17   17   18

5, **11**, **15** Eigene Aufgaben erfinden.

Aufgaben zum Entdecken: Entdeckerpäckchen

1
7 + 7 = 14
8 + 7 = 15
9 + 7 = 16
10 + 7 = ___
___

9 + 3 = ___
10 + 3 = ___
11 + 3 = ___
___
___

8 + 6 = ___
9 + 6 = ___
10 + 6 = ___
___
___

Erste Zahl immer ___1 mehr___,
zweite Zahl immer ___gleich___,
Ergebnis immer _____ .

2
11 + 4 = ___
10 + 5 = ___
 9 + 6 = ___
___
___

9 + 9 = ___
8 + 10 = ___
7 + 11 = ___
___
___

4 + 15 = ___
3 + 16 = ___
2 + 17 = ___
___
___

Erste Zahl immer ___1 weniger___,
zweite Zahl immer _____,
Ergebnis immer _____ .

3
15 − 4 = ___
14 − 3 = ___
13 − 2 = ___
___
___

20 − 6 = ___
19 − 5 = ___
18 − 4 = ___
___
___

14 − 7 = ___
13 − 6 = ___
12 − 5 = ___
___
___

Erste Zahl immer _____,
zweite Zahl immer _____,
Ergebnis immer _____ .

Entdeckerpäckchen: Aufgabenfolgen fortsetzen.   **1** – **3** Aufgabenfolgen fortsetzen. Regel ergänzen.

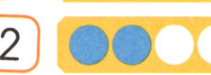

Unterschied

1 7 / 4 — Unterschied 3.

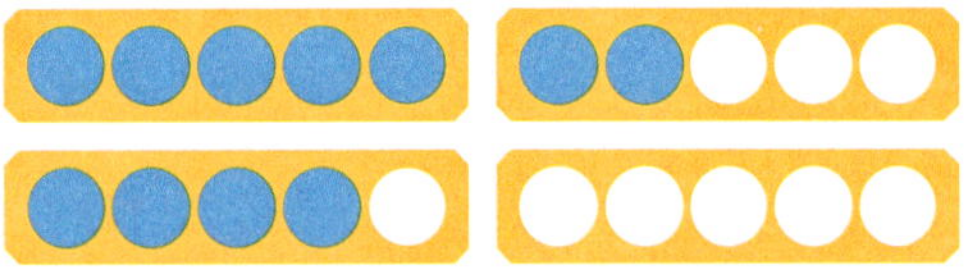

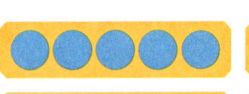

2 10 / 6 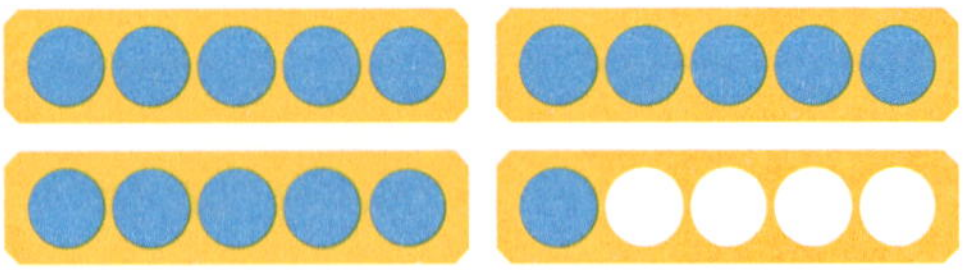 — Unterschied ___   8 / 2 — Unterschied ___

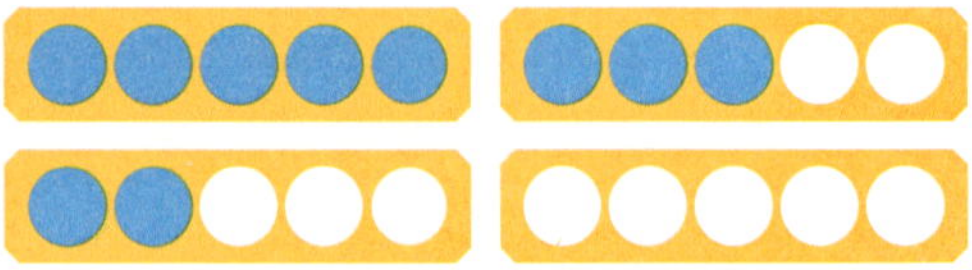

3 18 / 14 — Unterschied ___

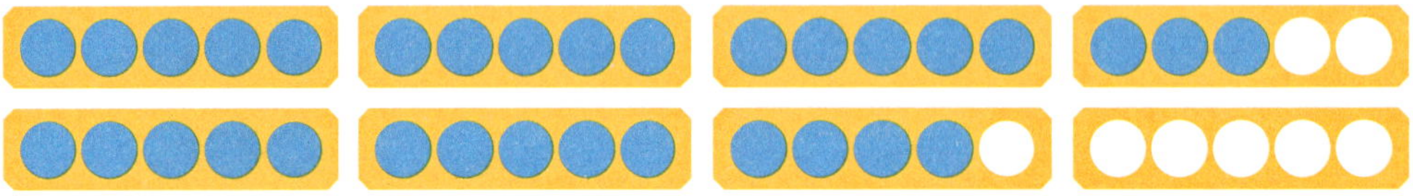

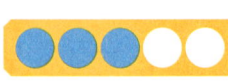

4 Wie groß ist der Unterschied?

20 / 18 ___   16 / 12 ___   13 / 10 ___   20 / 15 ___   18 / 16 ___   19 / 13 ___

5 17 / 3 — Unterschied ___

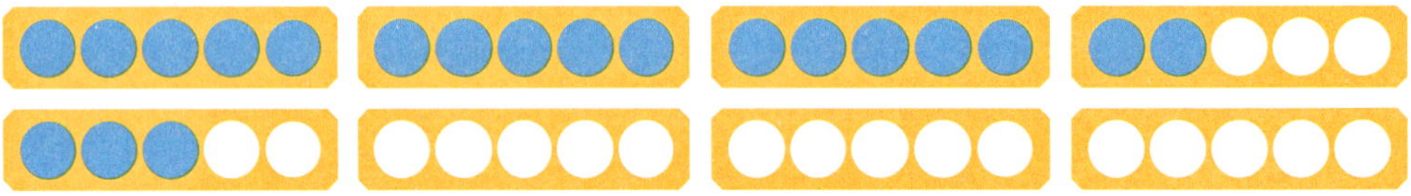

6 Berechne den Unterschied. Wie rechnest du?

17 / 5   12 / 9   20 / 17   15 / 4   11 / 9   14 / 8

7

___ + 4 = 15
___

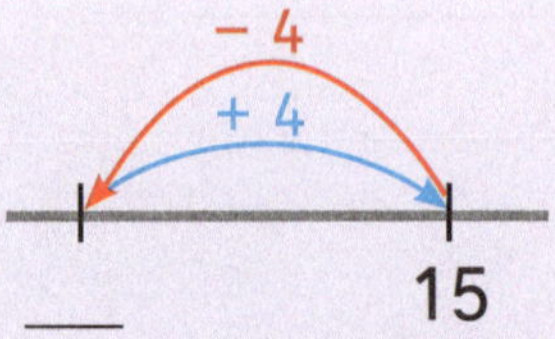

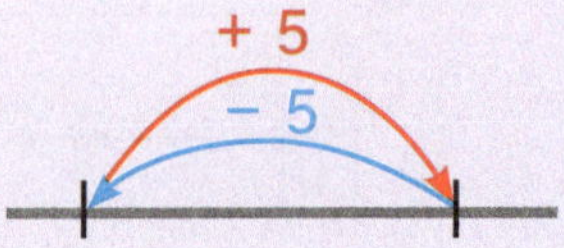

___ + 6 = 13
___

___ − 5 = 8
___

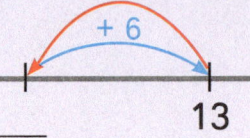

___ − 6 = 6
___

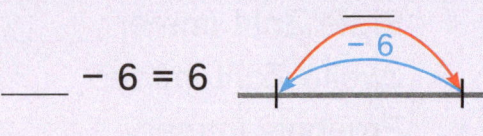

1 Rechenkonferenz: Unterschied auf verschiedenen Wegen bestimmen. **2** – **6** Unterschied bestimmen.
7 Platzhalteraufgaben mit Hilfe der Umkehraufgabe lösen.

122

Gleichungen, Ungleichungen

Ungleichungen
4 + 3 < 9   4 + 7 > 10
7 < 9   11 > 10

4 plus 3 ist kleiner als 9.
4 plus 7 ist größer als 10.

Gleichung
4 + 8 = 12
12 = 12

1 Richtig (r) oder falsch (f)?

3 + 5 < 10 ☐   7 + 7 = 14 ☐   14 − 3 > 10 ☐   16 − 8 < 11 ☐
13 + 5 < 20 ☐   12 + 3 < 18 ☐   19 − 8 = 20 ☐   17 − 9 < 10 ☐
9 + 5 > 15 ☐   10 + 4 < 12 ☐   15 − 9 < 7 ☐   16 − 4 = 11 ☐

2 <, > oder =. Setze ein.

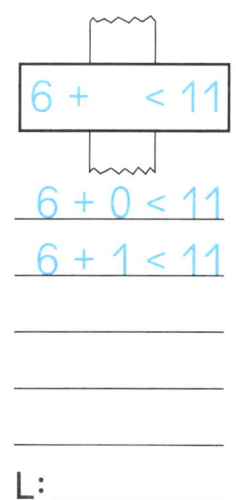

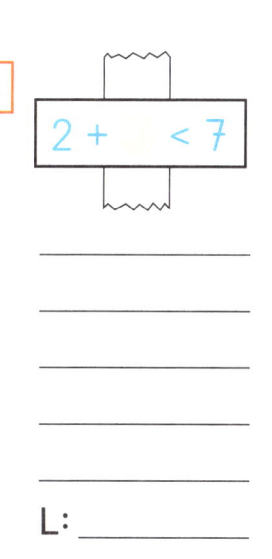

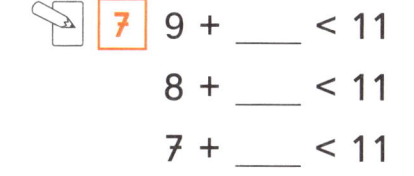

7 + 4 ⬜ 10   12 + 4 ⬜ 17   14 − 7 ⬜ 9   11 − 9 ⬜ 17
9 + 3 ⬜ 15   19 − 3 ⬜ 11   17 − 8 ⬜ 9   14 + 6 ⬜ 18
8 + 7 ⬜ 14   18 + 2 ⬜ 20   11 + 6 ⬜ 9   16 − 8 ⬜ 8

3
6 + 0 < 11
6 + 1 < 11
6 + 2 < 11
6 + 3 <
L: 0, 1, 2, ...

(Tafel-Streifen: 4, 3, 2, 1, 0 — 6 + ⬜ < 11)

4
6 + ⬜ < 11

6 + 0 < 11
6 + 1 < 11
_____
_____
_____
_____

L: _____

2 + ⬜ < 7

_____
_____
_____
_____
_____

L: _____

5
4 + ___ < 9
8 + ___ < 12
17 − ___ > 12

6
20 − ___ > 15
20 − ___ > 16
20 − ___ > 17

7
9 + ___ < 11
8 + ___ < 11
7 + ___ < 11

---

5 − 2 < 9   5 + 6 > 9   Das sind Ungleichungen.
9 − 3 = 6   7 + 3 = 10   Das sind Gleichungen.

---

1 Falsche Gleichungen und Ungleichungen im Heft berichtigen.   **3** – **7** Alle Lösungen finden.

123

Aufgaben zum Entdecken: Rechentürme

2 + 3 = 5   3 + 5 = 8

1

5	3	4	2	3
2	4	3	10	11

2

10	7	13	14	9
7	5	10	12	4

3

6	8	10	11	10
5	1	4	2	8

4

20	15	13	16	13
15	9	7	8	13

Rechentürme: Zwei übereinander stehende Zahlen addieren, das Ergebnis darüber schreiben.

Aufgaben zum Entdecken: Sechserpäckchen

1   3 + 4 = 7

___ + ___ = 4
___ + ___ = 5
3 + 4 = 7
___ + ___ = 7
___ + ___ = 9
6 + 4 = 10

2 [2] [5] [4] [3]
___ + ___ = 5
___ + ___ = 6
___ + ___ = 7
___ + ___ = 7
___ + ___ = 8
___ + ___ = 9

3 [6] [0] [3] [2]
___ + ___ = 2
___ + ___ = 3
___ + ___ = 6
___ + ___ = 5
___ + ___ = 8
___ + ___ = 9

4 [3] [5] [1] [4]
___ + ___ = 4
___ + ___ = 5
___ + ___ = 6
___ + ___ = 7
___ + ___ = 8
___ + ___ = 9

5 [12] [7] [4] [3]
___ + ___ = ___
___ + ___ = 10
___ + ___ = ___
___ + ___ = 15
___ + ___ = 16
___ + ___ = ___

6 [6] [9] [11] [5]
___ + ___ = ___
___ + ___ = 14
___ + ___ = 15
___ + ___ = ___
___ + ___ = 17
___ + ___ = ___

7 [10] [8] [1] [7]
___ + ___ = ___
___ + ___ = 9
___ + ___ = 11
___ + ___ = ___
___ + ___ = ___
___ + ___ = ___

8 [2] [6] [4] [ ]
___ + ___ = 6
___ + ___ = 8
___ + ___ = 9
___ + ___ = 10
___ + ___ = 11
___ + ___ = 13

9 [ ] [7] [5] [13]
___ + ___ = 8
___ + ___ = 10
___ + ___ = 12
___ + ___ = 16
___ + ___ = 18
___ + ___ = 20

Partnerspiel

- Zahlenkarten von 0 bis 12 nehmen.
- Vier Zahlenkarten wählen.
- Alle sechs Aufgaben rechnen.
- Ergebnisse der Größe nach in ein Sechserpäckchen eintragen.
- Dem Partner drei der vier Zahlenkarten zeigen. Er soll die fehlende Zahlenkarte finden.

Sechserpäckchen: Aus vier verschiedenen Zahlen sechs Aufgaben bilden. Aufgabe und Tauschaufgabe gelten als eine Aufgabe. **5** – **7** Wie heißen die fehlenden Ergebnisse? **8** – **9** Wie heißt die fehlende Zahlenkarte?

Daten, Wahrscheinlichkeit und Kombinieren

1 Mia hat ___ Becher Milch, ___ Becher Kirschsaft und ___ Becher Orangensaft verkauft.

Kai hat ___ Waffeln, ___ Stück Torte und ___ Stück Kuchen verkauft.

2 Wie viele Kinder trinken Milch? _____
Wie viele Kinder trinken Kakao? _____
Was trinken die Kinder am liebsten?
_____

Milch	Kakao	Saft
ЖЖ IIII	ЖЖ ЖЖ II	ЖЖ I

3 So sind die Kinder der Klasse 1b heute zur Schule gekommen. Sie haben eine Liste angelegt.

zu Fuß	Auto	Zug	Fahrrad		
ЖЖ	IIII	I	III		

Sechs Kinder haben die S-Bahn genommen, zwei Kinder den Bus. Trage ein.

4 Wie sind die Kinder in deiner Klasse heute zur Schule gekommen? Lege eine Strichliste an.

Schaubilder

1 Tina hat ihre Gummibären geordnet und zeichnet nun ein Schaubild. Hilf ihr!

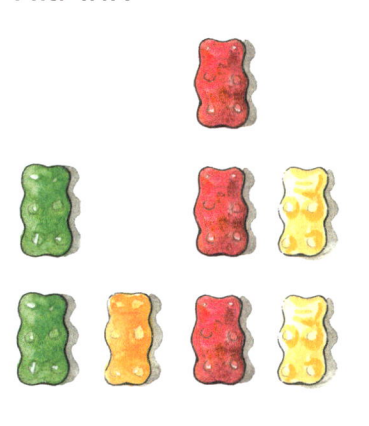

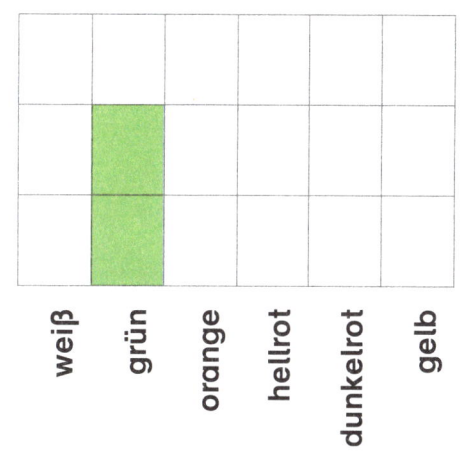

2 Lege für diese Gummibären eine Strichliste an und zeichne ein Schaubild.

3 Ziehe 20 Gummibären. Lege für deine Gummibären eine Strichliste an und zeichne ein Schaubild.

127

Wahrscheinlichkeit

Jan ist morgen einen Tag älter als heute.

sicher

möglich

unmöglich

1 Ist das sicher, möglich oder unmöglich? Zeige und kreuze an.

	sicher	möglich	unmöglich
An unserem Apfelbaum wachsen in diesem Jahr Birnen.	☐	☐	☐
Morgen scheint die Sonne.	☐	☐	☐
Ein Fisch kann auch an Land leben.	☐	☐	☐
Auf dem Schulweg hat Jan ein Polizeiauto gesehen.	☐	☐	☐
Im Winter ist es kälter als im Sommer.	☐	☐	☐
Ich bin jünger als meine Mutter.	☐	☐	☐
In den nächsten Sommerferien gehe ich ins Freibad.	☐	☐	☐
Im nächsten Jahr habe ich Geburtstag.	☐	☐	☐
Wenn ich alt bin, werde ich eine Brille tragen.	☐	☐	☐
Mein Hamster bellt jeden Tag.	☐	☐	☐
Vater und Mutter haben am selben Tag Geburtstag.	☐	☐	☐
Nächstes Jahr bekomme ich mehr Taschengeld.	☐	☐	☐
Ich wachse jeden Tag 10 cm.	☐	☐	☐
An meinem Geburtstag gibt es Kuchen.	☐	☐	☐

2 Schreibe selbst jeweils 3 sichere, mögliche und unmögliche Dinge in dein Heft.

1 Die Höhe der Klammer am Stift kennzeichnet die Wahrscheinlichkeit.

Kombinieren

Jedes Haus sieht anders aus.

Erst legen, dann malen.

1 Kleine Häuser. Wie viele verschiedene Häuser findest du?

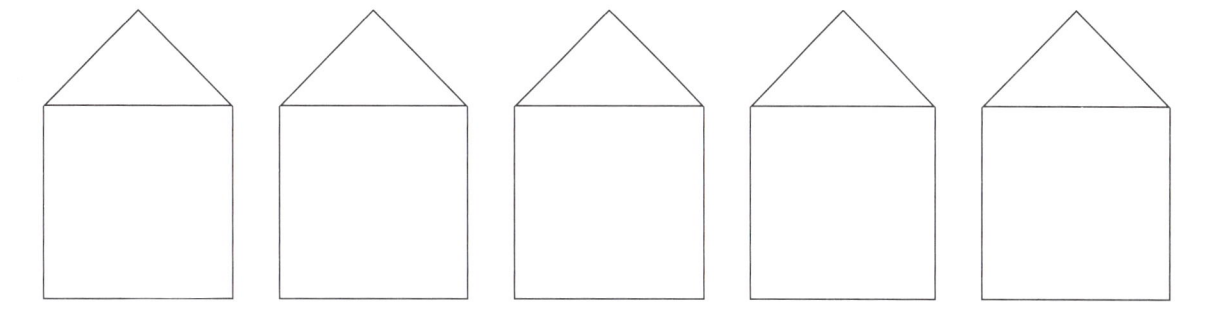

2 Große Häuser. Wie viele verschiedene Häuser findest du?

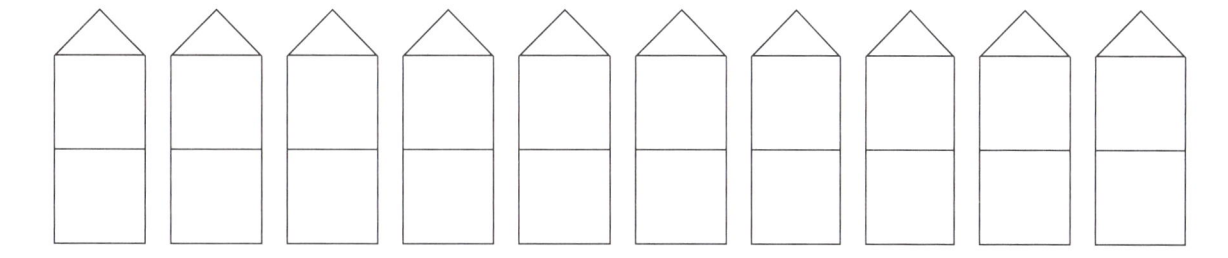

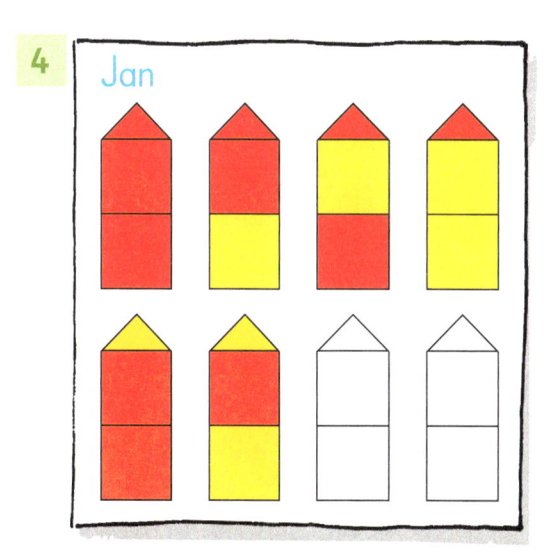

3 Marie

Welche Häuser sind doppelt?
Streiche einmal weg.

4 Jan

Welche Häuser fehlen?
Färbe.

1 – **2** Aus mittleren Quadraten und kleinen Dreiecken verschiedene Häuser legen. Lösungen zeichnen.

Rechenolympiade: Das hast du gerade gelernt

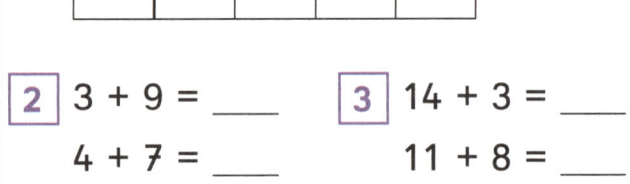

1

+	4	7	5	8
6				
8				

2 3 + 9 = ___
4 + 7 = ___
8 + 8 = ___
5 + 6 = ___

3 14 + 3 = ___
11 + 8 = ___
13 + 5 = ___
12 + 4 = ___

4

−	8	5	9	2
14				
12				

5 13 − 5 = ___
16 − 9 = ___
12 − 6 = ___
15 − 7 = ___

6 11 − 4 = ___
13 − 8 = ___
17 − 9 = ___
12 − 8 = ___

7

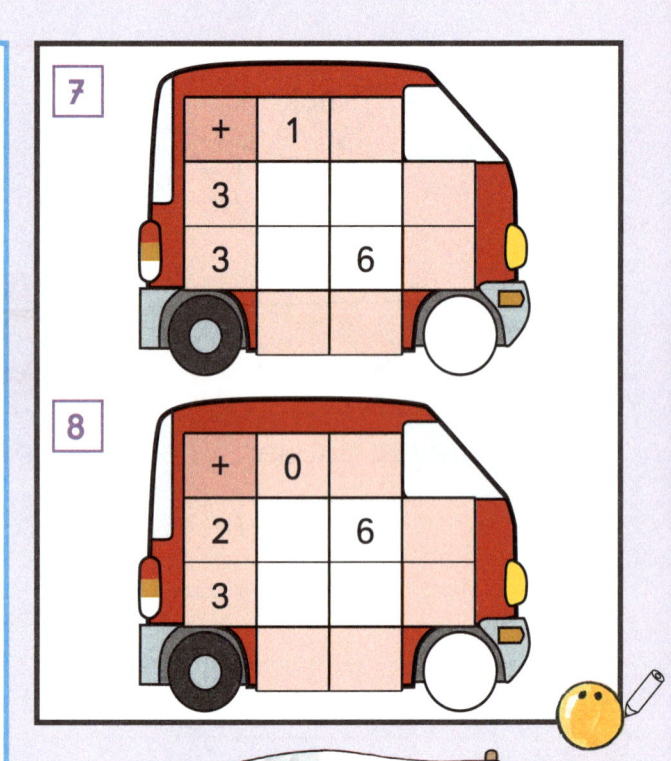

+	1	
3		
3		6

8

+	0	
2		6
3		

9 4 €   ___ € zurück.

10 5 €   ___ € zurück.

11 7 € + 4 €   ___ € zurück.

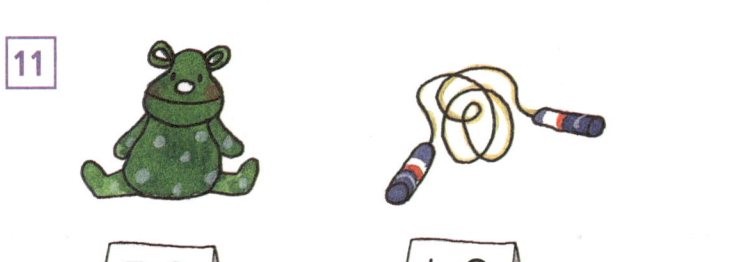

7 – 8 Plusmobile. 9 – 11 Zurückgegebenen Betrag eintragen.
Diese Rechenolympiade befindet sich als Kopiervorlage im Lehrermaterial.

130

Rechenolympiade: Kannst du das noch?

1 Miss die Strecken.

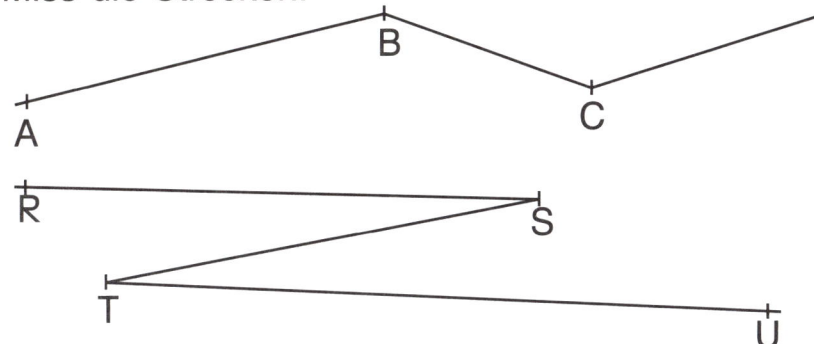

$\overline{AB}$ = ___ cm
$\overline{BC}$ = ___ cm
$\overline{CD}$ = ___ cm
$\overline{RS}$ = ___ cm
$\overline{ST}$ = ___ cm
$\overline{TU}$ = ___ cm

2 Welche Sätze stimmen? Kreuze an.

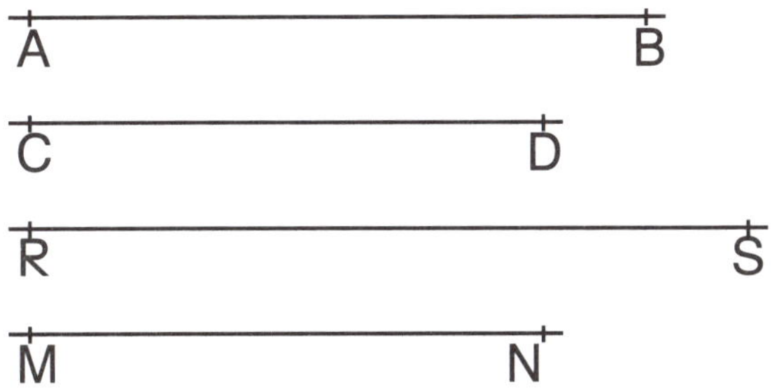

$\overline{RS}$ ist kürzer als $\overline{AB}$. ☐
$\overline{AB}$ ist länger als $\overline{CD}$. ☐
$\overline{RS}$ und $\overline{MN}$ sind gleich lang. ☐
$\overline{CD}$ ist genauso lang wie $\overline{MN}$. ☐
$\overline{CD}$ ist kürzer als $\overline{RS}$. ☐

3 < , > oder = . Setze ein.

15 ___ 17   12 ___ 2
20 ___ 10   16 ___ 16
8 ___ 18   7 ___ 3
19 ___ 9   10 ___ 11

4

V	Zahl	N
	16	
	9	
	19	

5

V	Zahl	N
	8	
		17
		11

6

11., 13., 17., 20.
12., 16., 18.
14., 15., 19.

7 4, 6, 8, ___, ___, ___, 16

8 0, 3, 6, ___, ___, ___, 18

9 20, 18, 16, ___, ___, ___, 8

10 19, 16, 13, ___, ___, ___, 1

11 2, 5, 4, 7, ___, ___, ___, 11

12 2, 1, 4, 3, ___, ___, ___, 7

13 8, 9, 6, 7, ___, ___, ___, 3

14 9, 6, 7, 4, ___, ___, ___, 0

4 – 5 Vorgänger, Zahl und Nachfolger aufschreiben. 6 Perlen entsprechend der Ordnungszahlen färben.
7 – 14 Zahlenfolgen fortsetzen.

Zeit

Jahreszeiten und Monate

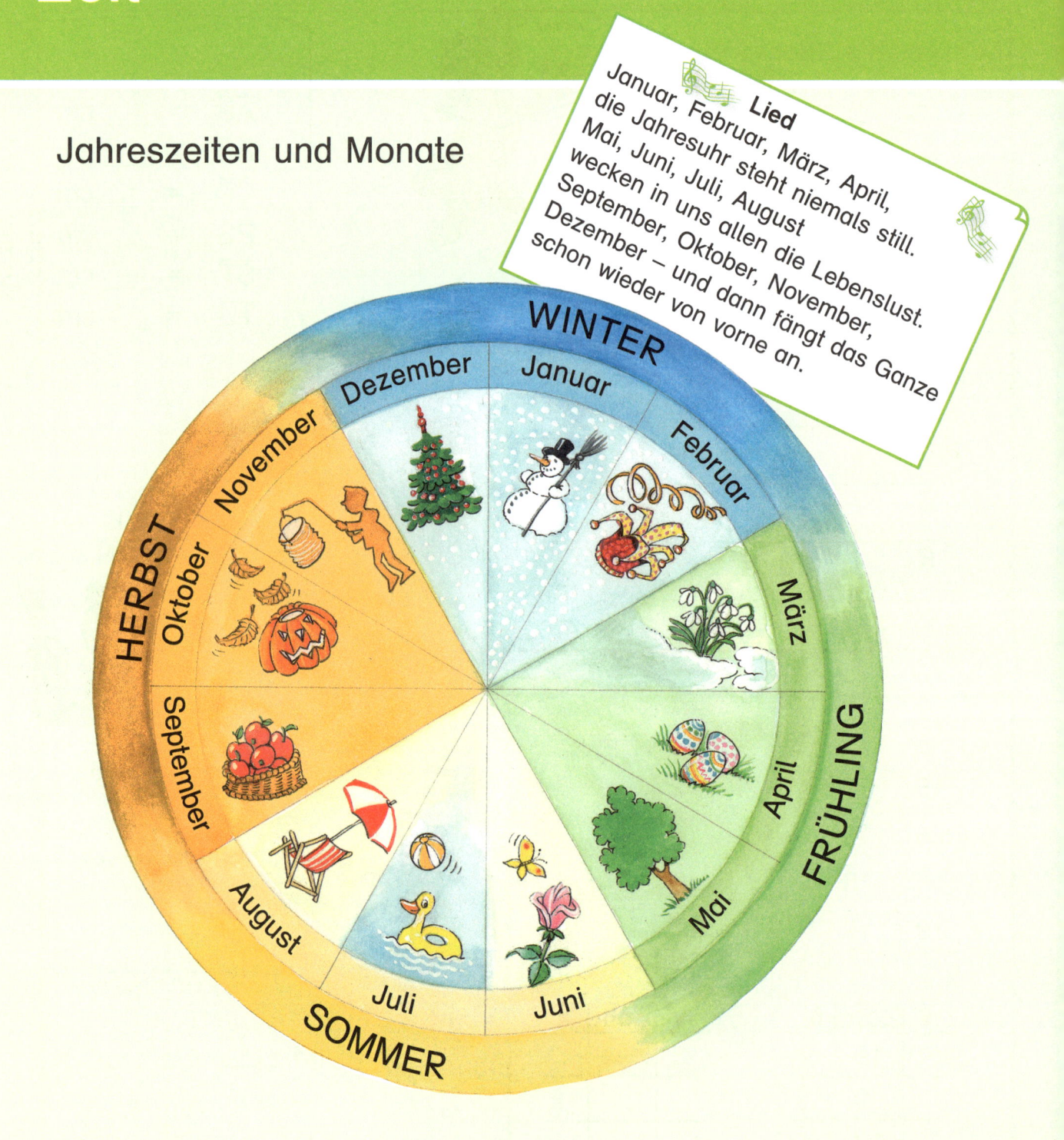

Lied
Januar, Februar, März, April,
die Jahresuhr steht niemals still.
Mai, Juni, Juli, August
wecken in uns allen die Lebenslust.
September, Oktober, November,
Dezember – und dann fängt das Ganze
schon wieder von vorne an.

1. Wie viele Monate hat das Jahr?
   _____

2. Wie heißt der erste Monat im Jahr?
   _____

3. Wie heißt der letzte Monat im Jahr?
   _____

4. Welcher Monat kommt nach Mai?
   _____

5. Schreibe aus jeder Jahreszeit einen Monat auf.

   Frühling: _____   Sommer: _____

   Herbst: _____   Winter: _____

Kalender

1 Suche Montag, den 5. Juni, im Kalender.
Male diesen Tag blau an.

vorgestern		___ Juni
gestern		___ Juni
heute	Mo	_5._ Juni
morgen		___ Juni
übermorgen		___ Juni

2 Kirstens Termine im Juni

Bastelkurs: _Donnerstag, 8. Juni_
Schulfest: _____
Kino mit Lea: _____
Zahnarzt: _____

3 Eva hat ___ Tage **nach** Heidi Geburtstag.
Jörg hat ___ Tage **nach** Eva Geburtstag.
Heidi hat ___ Tage **vor** Jörg Geburtstag.

4 Wie lange dauert es?
Besuch Oma: ___ Tage
Klassenfahrt: ___ Tage
Schulfest: ___ Stunden

5 Wie lange dauert der Sommer?
___ Tage dauert der Sommer.

Juni 2017

Do 1. Juni: Geb. Heidi
Fr 2. Juni: ⎫
Sa 3. Juni: ⎬ Besuch Oma
So 4. Juni: ⎭
Mo 5. Juni:
Di 6. Juni: Zahnarzt 16 Uhr
Mi 7. Juni:
Do 8. Juni: Bastelkurs 15–17 Uhr
Fr 9. Juni:
Sa 10. Juni:
So 11. Juni:
Mo 12. Juni: Geb. Eva
Di 13. Juni:
Mi 14. Juni:
Do 15. Juni: ⎫
Fr 16. Juni: ⎬ Klassenfahrt
Sa 17. Juni:
So 18. Juni:
Mo 19. Juni: Kino mit Lea
Di 20. Juni: Sommeranfang
Mi 21. Juni:
Do 22. Juni: Geb. Jörg
Fr 23. Juni:
Sa 24. Juni:
So 25. Juni:
Mo 26. Juni:
Di 27. Juni:
Mi 28. Juni: Schulfest 14–18 Uhr
Do 29. Juni:
Fr 30. Juni:

5 Forscheraufgabe: Die Kinder besorgen sich die benötigten Informationen selbst.
Nach dieser Seite empfiehlt sich Diagnosetest D21.

Zahlen bis 100

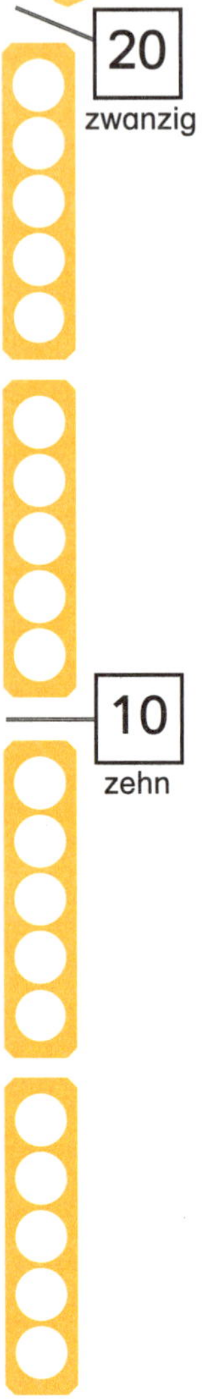

20 zwanzig
30 dreißig
40 vierzig
5... fün...
10 zehn

1 Zähle in Zehnerschritten und zeige an der Hunderterreihe.
10, 20, ..., 100   100, 90, ..., 10

2 Welche Zehnerzahlen liegen dazwischen?
10, __, __, __, 50
40, __, __, __, 80
20, __, __, __, __, 70

3 < oder > . Setze ein.

30 ◯ 50	70 ◯ 100	80 ◯ 40	60 ◯ 70
70 ◯ 40	90 ◯ 50	30 ◯ 60	100 ◯ 40
60 ◯ 100	10 ◯ 20	40 ◯ 90	90 ◯ 80

4
10 + 10 = ___   40 + 10 = ___   50 + 50 = ___
10 + 50 = ___   30 + 60 = ___   20 + 70 = ___
20 + 30 = ___   50 + 20 = ___   80 + 20 = ___
20   50   50   60   80   70   90   90   100   100

5 20 + 20 = ___
30 + 20 = ___

6 10 + 30 = ___
10 + 40 = ___

7 10 + 60 = ___
20 + 60 = ___

8 100 − 20 = ___
70 − 30 = ___

9 90 − 60 = ___
60 − 50 = ___

10 100 − 70 = ___
80 − 60 = ___

11 (60) (40)   (30) (50)   (30) ( ) 60

11 Die fehlende Zahl finden und verwandte Aufgaben schreiben.

134

Hunderterreihe

60 sechzig
70 siebzig
80 achtzig
90 neunzig
100 einhundert

1

V	Zahl	N
	60	
	70	
	20	

V	Zahl	N
	30	
	90	
	10	

V	Zahl	N
	30	
		100
	50	

2 Du hast diese Münzen:

Lege: 30 Cent, 50 Cent, 80 Cent, 100 Cent.

3 Du hast diese Scheine:

Lege: 40 €, 60 €, 10 €, 90 €, 20 €.

4 Wie viel Geld ist es?

___ €   ___ €   ___ €   ___ €   ___ €

100 Cent = 1 Euro (€)

1 Vorgänger, Zahl und Nachfolger aufschreiben. **2** – **3** Teilweise sind mehrere Lösungen möglich.

Zahlen bis 100: Übungen

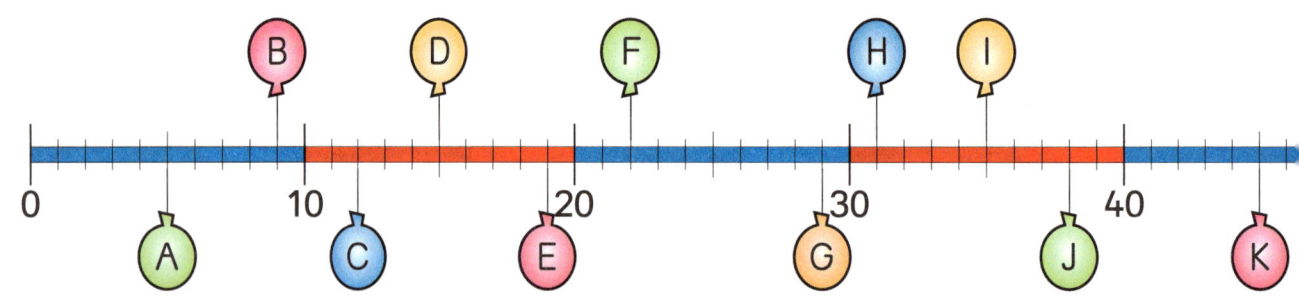

1 Schreibe ins Heft. A = 5, B = ___ ...

2

2 Z + 3 E
20 + 3 = 23

___ Z + ___ E
___ + ___ = ___

3

Z	E
6	8

60 + 8 = 68

Z	E
8	6

_____

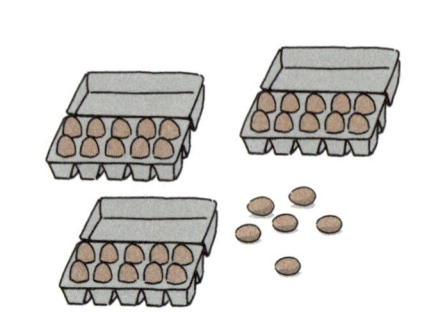

Z	E

60 + 5 = ___

Z	E

30 + 6 = ___

Z	E

50 + 1 = ___

4 <, > oder = . Setze ein.

74 ○ 79   42 ○ 32   19 ○ 91   39 ○ 59
85 ○ 35   65 ○ 65   63 ○ 36   97 ○ 97
68 ○ 88   75 ○ 74   54 ○ 45   83 ○ 82

5 Ordne. Beginne mit 0. | 0 | 5 | | | | | | |

27   60   0   33   5   100   35   53

6 Ordne. Beginne mit der kleinsten Zahl.

55   42   7   88   64   32   101   13

7 27 + ___ = 30   48 + ___ = 50   63 + ___ = 70   85 + ___ = 90
27 − ___ = 20   48 − ___ = 40   63 − ___ = 60   85 − ___ = 80

7 Aufgaben mit Hilfe der Umkehraufgabe lösen.

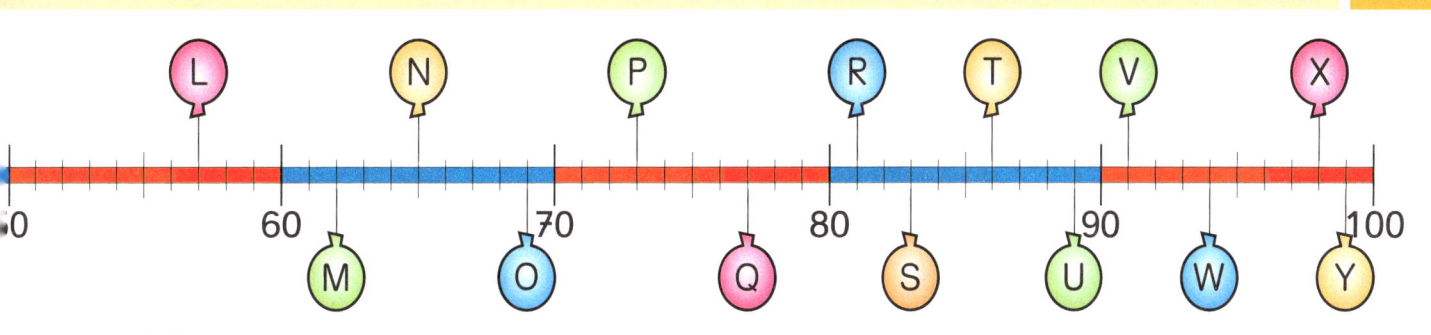

1   Schreibe ins Heft. L = 57, M = ___ ...

2   ___ Z + ___ E   ___ Z + ___ E
    ___ + ___ = ___   ___ + ___ = ___

3 | Z | E | | Z | E | | Z | E | | Z | E | | Z | E |
    | 4 | 2 | | | | | 7 | 7 | | | | | | |
    _____   30 + 9 = __   _____   90 + 5 = __   _____ = 67

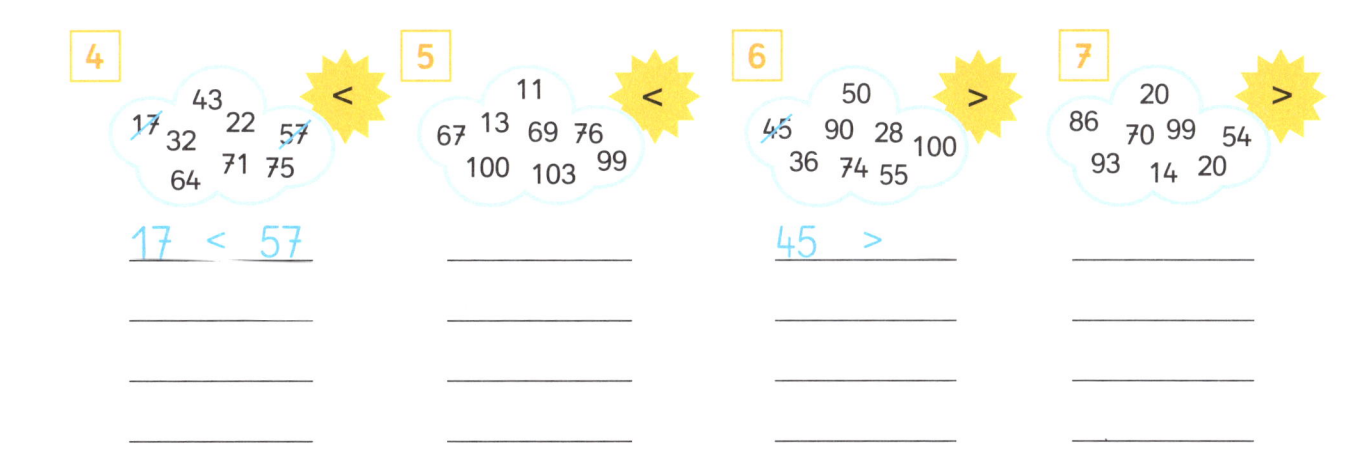

4   17 43 22 57 32 71 75 64 <
    17 < 57
    _____
    _____
    _____

5   11 67 13 69 76 100 103 99 <
    _____
    _____
    _____
    _____

6   50 45 90 28 100 36 74 55 >
    45 > _____
    _____
    _____
    _____

7   20 86 70 99 54 93 14 >
    _____
    _____
    _____
    _____

8 | V | Zahl | N |
    | | 53 | |
    | | 89 | |

    | V | Zahl | N |
    | | 75 | |
    | | 60 | |

    | V | Zahl | N |
    | 49 | | |
    | | | 100 |

    | V | Zahl | N |
    | | | 70 |
    | 34 | | |

9   32 + ___ = 40   54 + ___ = 60   99 + ___ = 100   76 + ___ = 80
    32 − ___ = 30   54 − ___ = 50   99 − ___ = 90   76 − ___ = 70

4 – 7 Je zwei Zahlen wählen (durchstreichen) und passend aufschreiben.   8 Vorgänger, Zahl und Nachfolger aufschreiben.   9 Aufgaben mit Hilfe der Umkehraufgabe lösen.

Bausteine des Wissens und Könnens

Raum und Form

Lagebeziehungen

links	oben	rechts
	Mitte	
	unten	

linke Hand   rechte Hand

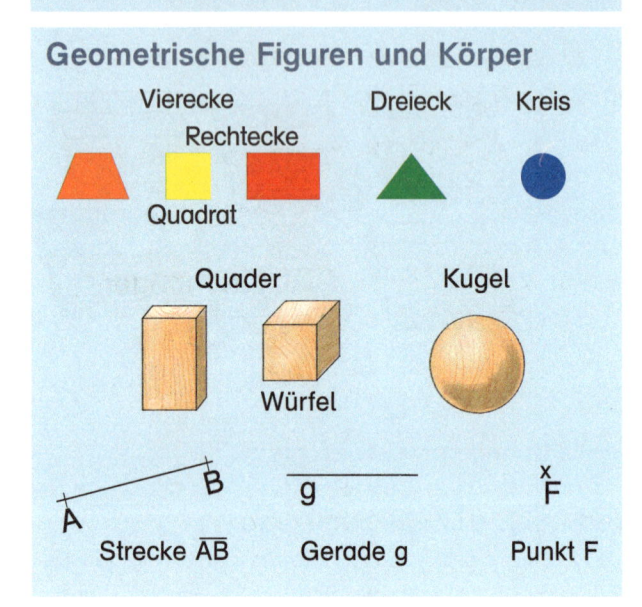

Geometrische Figuren und Körper

Vierecke   Dreieck   Kreis
Rechtecke
Quadrat

Quader   Kugel
Würfel

Strecke $\overline{AB}$ Gerade g   Punkt F

Größen und Messen

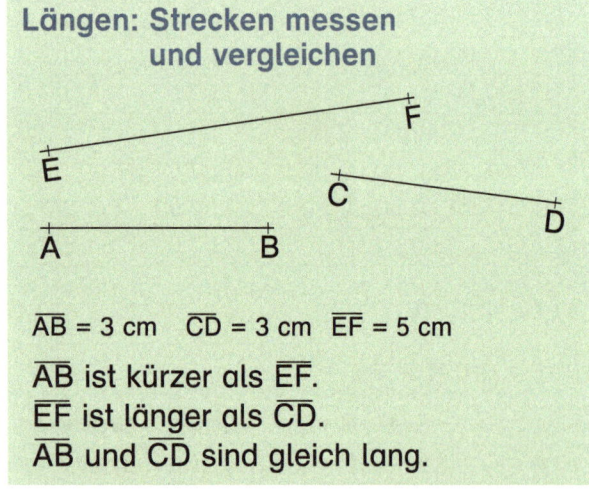

Längen: Strecken messen und vergleichen

$\overline{AB}$ = 3 cm $\overline{CD}$ = 3 cm $\overline{EF}$ = 5 cm

$\overline{AB}$ ist kürzer als $\overline{EF}$.
$\overline{EF}$ ist länger als $\overline{CD}$.
$\overline{AB}$ und $\overline{CD}$ sind gleich lang.

Geld: Münzen und Scheine kennen und damit rechnen

Cent   Euro (€)

Zahlen und Operationen

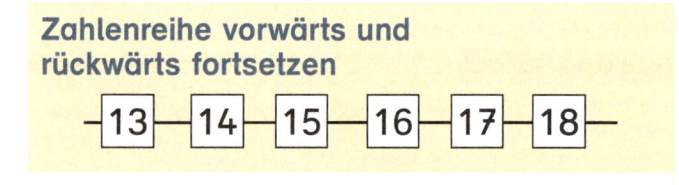

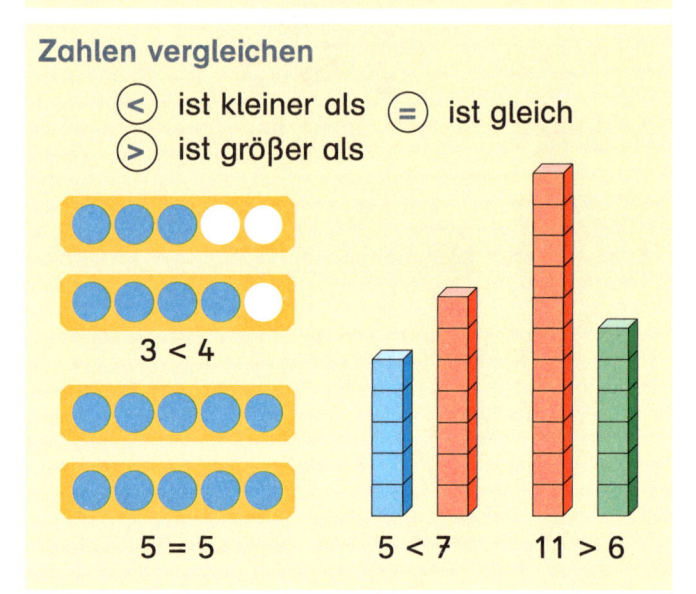

Zahlenreihe vorwärts und rückwärts fortsetzen

13 — 14 — 15 — 16 — 17 — 18

Nachbarzahlen bestimmen

Vorgänger	Zahl	Nachfolger
V	Zahl	N
12	13	14

Zahlen vergleichen

< ist kleiner als   = ist gleich
> ist größer als

3 < 4
5 = 5   5 < 7   11 > 6

Zahlen ordnen

2, 0, 17, 20, 8, 15

0, 2, 8, 15, 17, 20

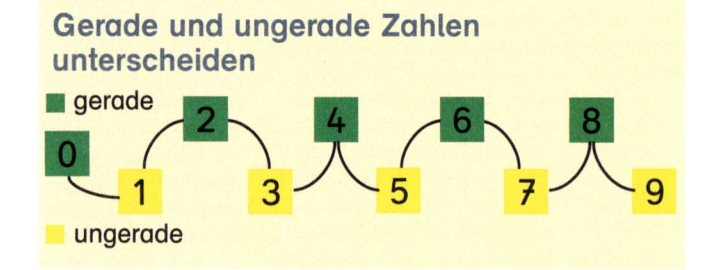

Gerade und ungerade Zahlen unterscheiden

■ gerade
0, 2, 4, 6, 8
1, 3, 5, 7, 9
■ ungerade

Ordnungszahlen kennen, Dinge der Reihe nach ordnen

1. 2. 3. 4. 5. 6. 7. 8. 9. 10.

Zahlen bis 100 kennen

40 + 7 = 47

Z	E
4	7

Bausteine des Wissens und Könnens

Zahlen und Operationen

Zerlegungen bis 10 auswendig wissen

10

10 + 0	4 + 6
9 + 1	3 + 7
8 + 2	2 + 8
7 + 3	1 + 9
6 + 4	0 + 10
5 + 5	

Verwandte Aufgaben angeben

Aufgabe und **Tauschaufgabe**
4 + 8 = 12   8 + 4 = 12

Aufgabe und **Umkehraufgabe**

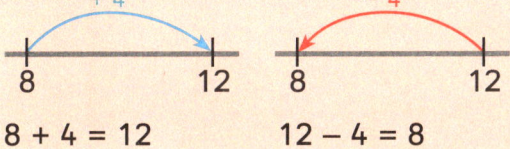

+ 4 (8 → 12)   − 4 (8 ← 12)

8 + 4 = 12   12 − 4 = 8

4 + 8 = 12
8 + 4 = 12
12 − 4 = 8
12 − 8 = 4

7 + 7 = 14
14 − 7 = 7

Grundaufgaben auswendig wissen

3 + 4 = 7
drei plus vier ist gleich sieben

7 − 3 = 4
sieben minus drei ist gleich vier

8 + 2, 4 + 6, 5 + 1 → +
9 − 5, 6 − 4, 8 − 2, 8 − 3 → −

Verdoppeln und Halbieren

Verdoppeln ↓	2	3	4	5	6	7
Halbieren ↑	4	6	8	10	12	14

Wichtige Begriffe

Addieren

Summand plus **Summand** ist gleich **Summe**.

15 + 3 = 18
Summe

Summanden kann man vertauschen.
Die Summe bleibt gleich.

14 + 4 = 18   4 + 14 = 18

Subtrahieren   17 − 6 = 11

Gleichungen   und   **Ungleichungen**

__ + 4 = 7   __ + 3 < 7
3 + 4 = 7   Lösung: 0, 1, 2, 3

Addieren und Subtrahieren bis 20

Übertragen der Grundaufgabe

15 + 3   5 + 3 = 8   17 − 6   7 − 6 = 1
          15 + 3 = 18   17 − 6 = 11

Zehnerübergang

8 + 5
8 + 5 = 13
8 + 2 = 10
10 + 3 = 13
Erst + 2, dann + 3.

14 − 6
14 − 6 = 8
14 − 4 = 10
10 − 2 = 8
Erst − 4, dann − 2.

Vorteilhaftes Rechnen

Rechnen mit der 10

6 + 9   6 + 10 = 16, dann 1 weniger
15 − 9   15 − 10 = 5, dann 1 mehr

Umkehraufgabe

__ + 3 = 17
17 − 3 = __   (14 → 17, −3 / +3)

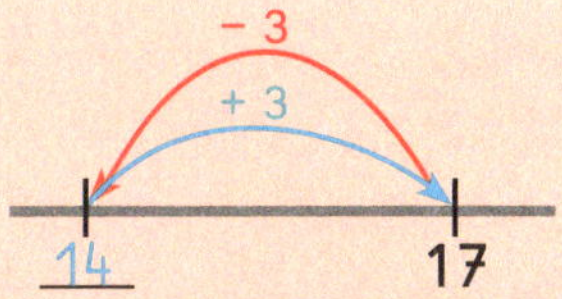

__ − 4 = 14
14 + 4 = __   (14 → 18, +4 / −4)

139

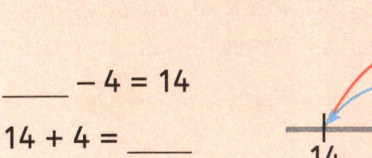

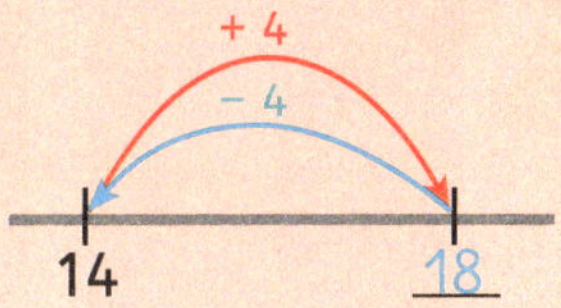

Bausteine des Wissens und Könnens

Muster und Strukturen

Rechenschiffe nutzen
Die Kraft der Fünf

5 + 4

Daten erfassen
Strichliste

Milch	Kakao	Saft
ℍℍ IIII	ℍℍ ℍℍ II	ℍℍ I

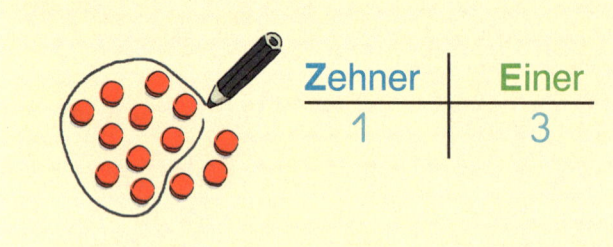

Stellentafel ergänzen

Zehner	Einer
1	3

Daten darstellen
Schaubild

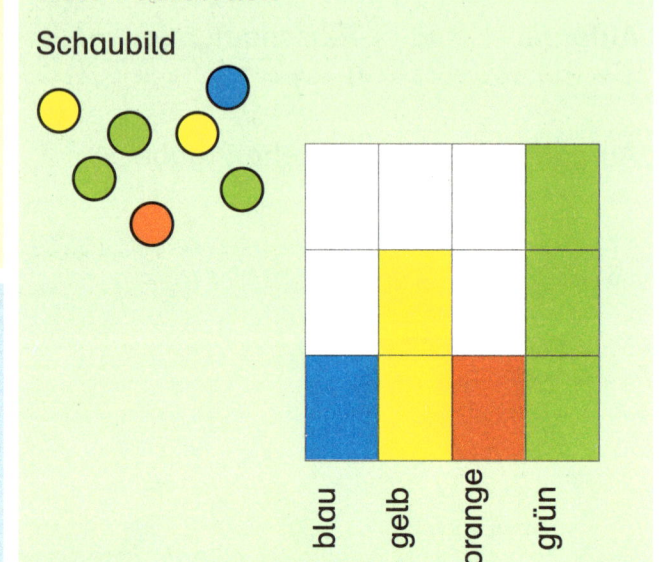

blau · gelb · orange · grün

Geometrische Muster erkennen und fortführen

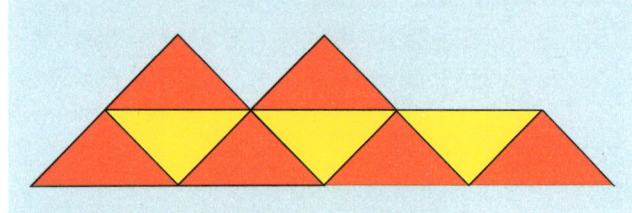

Daten, Häufigkeit und Wahrscheinlichkeit

Kombinieren
Kombinatorische Aufgaben durch Probieren oder systematisches Vorgehen lösen.

Wahrscheinlichkeit ausdrücken

sicher · möglich · unmöglich